身心灵魔力书系 情

SHEN XIN LING MO LI SHU XI QING G

王诗涵/著

I / N / F / L / U / E / N / C / E

影响力

天下谁人不识君

中国出版集团 现代出版社

图书在版编目(CIP)数据

影响力:天下谁人不识君 / 王诗涵著. —北京 : 现代出版社,2013.12
(2021.3 重印)

(身心灵魔力书系)

ISBN 978 – 7 -5143 – 1819 – 7

Ⅰ. ①影… Ⅱ. ①王… Ⅲ. ①散文集 – 中国 – 当代
Ⅳ. ①I267

中国版本图书馆 CIP 数据核字(2013)第 313633 号

作　　者	王诗涵
责任编辑	肖云峰
出版发行	现代出版社
通讯地址	北京市安定门外安华里 504 号
邮政编码	100011
电　　话	010 – 64267325 64245264(传真)
网　　址	www.1980xd.com
电子邮箱	xiandai@ cnpitc. com. cn
印　　刷	河北飞鸿印刷有限责任公司
开　　本	700mm ×1000mm　1/16
印　　张	11
版　　次	2013 年 12 月第 1 版　2021 年 3 月第 3 次印刷
书　　号	ISBN 978 – 7 – 5143 – 1819 – 7
定　　价	39.80 元

P 前 言
REFACE

　　为什么当今时代的青少年拥有幸福的生活却依然感到不幸福、不快乐？怎样才能彻底摆脱日复一日的身心疲惫？怎样才能活得更真实快乐？

　　在英国最古老的建筑物威斯敏斯特教堂旁边，矗立着一块墓碑，上面刻着一段非常著名的话：当我年轻的时候，我梦想改变这个世界；当我成熟以后，我发现我不能够改变这个世界，我将目光缩短了些，决定只改变我的国家；当我进入暮年以后，我发现我不能够改变我们的国家，我的最后愿望仅仅是改变一下我的家庭，但是，这也不可能。当我现在躺在床上，行将就木时，我突然意识到：如果一开始我仅仅去改变我自己，然后，我可能改变我的家庭；在家人的帮助和鼓励下，我可能为国家做一些事情；然后，谁知道呢？我甚至可能改变这个世界。

　　的确，在实现梦想的进程中，适当缩小梦想，轻装上阵，才有可能为疲惫的心灵注入永久的激情与活力，更有利于稳扎稳打。越是在喧嚣和困惑的环境中无所适从，我们越觉得快乐和宁静是何等的难能可贵。其实"心安处即自由乡"，善于调节内心是一种拯救自我的能力。当人们能够对自我有清醒认识，对他人能宽容友善，对生活无限热爱的时候，一个拥有强大的心灵力量的你将会更加自信而乐观地面对现实，面向未来。

　　本丛书将唤起青少年心底的觉察和智慧，给那些浮躁的心清凉解毒，进而帮助青少年创造身心健康的生活，来解除心理问题这一越来越成为影响青少年健康和正常学习、生活、社交的主要障碍。本丛书从心理问题的普遍性着手,分别描述了性格、情绪、压力、意志、人际交往、异常行为等方面容易出现的一些心理问题,并提出了具体实用的应对策略,以帮助青少年朋友科学调适身心,实现心理自助。

C目 录
ONTENTS

第一章
影响力的奥秘

假如你成功地表达了自己的想法并被接受，你已经发挥影响力了。善于劝说对方的能力，对你实现自己的目标会有很大帮助。

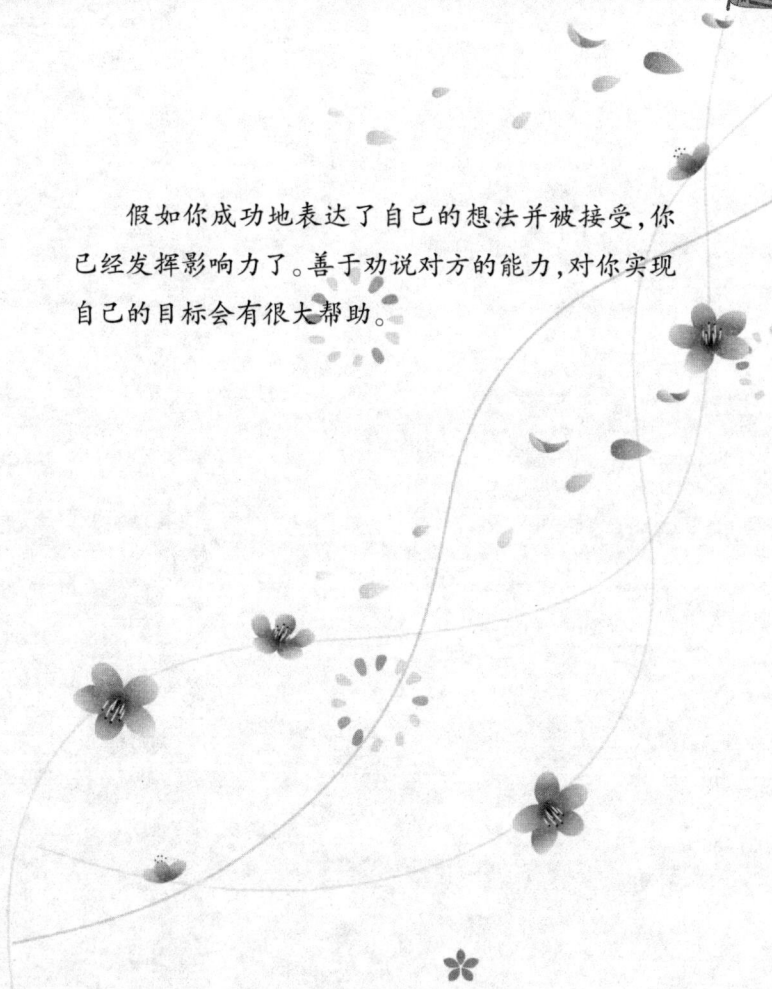

一、做有影响力的人

具有良好影响力的人使人信服，让人觉得可以信赖；而这两样品质都需要自我管理。为了说服别人接受你的观点，你得向对方列举符合他们需要的明确理由。

亚里士多德在书中提到，要有说服力，你得学会运用有逻辑的思想战胜对方，运用有情感的心理取胜，并且管理自己，这样才会被认为是可信的。

只有尊重对方的抱负、兴趣以及关切的东西，你才能赢得对方的心。要想说服别人接受你所提出的建议，你需要说明你的建议如何满足他们的需要。你要在展现你的观点时充满激情，但同时你也不能忽视别人的观点。为了在心理上赢得对方，你必须研究自己的主题，并向他们列举适宜的理由。当对方已经有自己的观点和主意时，你需要和他们协商，找到一个能够满足双方需求的方案。

优秀的影响者能够很好地控制自己的情绪。当你觉得紧张时，你可以有意识地采取一些积极的手段来应对，这能够增强你的自信心。例如，假如你在会议前感到紧张，那么回忆过去成功的会议经历，并想象这一次也能做得成功，这样就能缓解紧张情绪了。

魔力悄悄话

影响力是一种独特的魅力，它不同于能力，能让其他人在短期的实践中感觉到；它更不同于智力，大家可以评估出来。影响力无形无声，却力道刚劲。拿破仑·希尔曾经说过："在被人的影响下生活着，就等于不属于自己，就等于被别人的意志给俘虏了，这样的人即使再优秀，也不会登上一把手的位置。"

二、建立合作关系

影响力并不意味着强迫别人接受自己的意见,这会招致别人的不满。影响力是要去获得对方的支持,为双方共同的目标一起努力。假如你是在小组讨论中,那么换位思考:多看、多听,思考他们对你说的话的反应。考虑对方的要求,调整自己的意见,这样你就能更有效地与他们达成一致。在要求对方接受你的意见之前,你得征询他们的意见。

在进行一对一的面谈、会议或是报告之前,列出你认为别人会接受或拒绝你的观点的原因。在和别人的交流中,融入他人观点,你就能吸引对方,事先排除可能的反对意见。开始交谈时,先概括你的目标,然后向你的倾听者们询问他们最关注的或者认为最重要的是什么。通过问问题来探测对方的观点。当你得到一个问题的答案时,给自己时间考虑,在解释自己观点的更多细节中融入他们的意见。调整自己的观点以吸收别人的意见,比固执己见要好得多。

魔力悄悄话

所有高效影响者善于与人合作并努力建立有益的联系。关注别人的需要和兴趣,这样你就能与他们一起,达成共赢目标和解决方案。对于一个人来说,影响力从弱小到强大是需要过程的。人们一般首先接受的是自己所见所闻的影响力。

三、影响力的目的

优秀的管理者会通过和别人合作来达成协议、建立关系，并取得成效。你必须清楚自己的目标是什么。然后，与高管、同事以及团队合作，找到共同的利益，并实现共同的目标。

在双方能实现共同目标之前，你必须明确自己的目标是什么，这能帮助你专注于自己的目标。例如，在你和别人建立关系之前，想想你期望从这一关系中得到什么。如果你想要获得信息，那就先精确定位你要得到的信息。如果你的目标是想让对方对你的意见感兴趣，先把要说的话在脑中过一遍。

按照对方的文化、需求以及态度来调整自己的语言，从而迎合对方。对下属讲话时，你可能需要主导；在与高管交流时，你可能只需说出大概。在与别人交谈之前，先想一想你将采取的谈话方式。

只有和对方达成一致，你才有可能得到他人的支持，帮助你实现自己的目标。协议的种类有很多，包括客户服务协议，或是双方共同合作承担一个项目等。如果你能做到坚定而不失灵活性，那么你影响他人的能力就会大增。你得学会建立双方共同的利益，并致力于满足他们的需求和自己的需求。

研究显示许多因素可以影响他人观点，如谈判、辩论、摆事实、发言者的可信度，以及信息在情感上的号召力。尽可能多地将上述方法结合起来，调整说话的内容和方式来适应对方。这样，你就可以激励个人实现自己的目标；鼓励团队成员朝着共同的目标迈进；从同事中获得对自己观点的支持；或得到高管们的允诺。要影响小团体或者个人的观点，在沟通时要尽量详细、具体；劝说更大的团体时，确保你的话有宽广的眼界。

每个人选择从事一项职业，都有一定的动因，或者是这项工作所能带来稳定的薪水，或者是便利的工作时间，或者是有机会发挥自己的创造力。找出人们的驱动力，因为影响人的关键是了解对方的价值观。让你的同事们思考,如何能将他们的工作目标与个人价值联系起来,这样他们就能提高自己的动力层次。然后,将这些价值与你的提议结合起来,这样你更可能会赢得同事们在项目上的通力合作。

魔力悄悄话

　　要建立一个表现最佳的团队,你首先要发现团队成员的共同价值,并且列出团队的共同目标。这将为进一步地发挥影响力打下基础,因为这能鼓动团队成员的干劲。鼓励团队成员多思考如何实现目标。制订一个行动计划。当你的团队朝着这些目标迈进时,及时解决争端,并时时激励团队中的每一个人。

第二章 彰显影响力

生活中,导致失败的原因,往往是当事者没有自知之明,既没有发现客观世界的奥秘,也没有发现主观世界的长短。归根结底,还是他们不了解自己,但是他们并不知道这一点。

一、拥有全方位的自知之明

任何人天生都是没有自知之明的,特别是在年轻的时候。也有些人一辈子都不曾了解自己,既不知道自己所短,也不晓得自己所长。只要你认真观察,这样的人在生活里比比皆是。

在动物界,鹰有着尖利的双爪和带钩的嘴,以及凶悍猛烈的冲击力,当它向羊俯冲过来之时,羊在如此强劲的对手之下,只有束手就擒。可是,对于在一旁观望的乌鸦,情况就大不相同了。乌鸦没有鹰尖利的双爪,没有鹰带钩的嘴,更没有鹰凶悍猛烈的冲击力,所以,在羊的心目中,这并不可怕。当乌鸦扑向羊时,首先,羊不会惊慌,甚至会嘲笑它:你一只平庸的黑鸟,岂敢在俺的头上动土,真是癞蛤蟆想吃天鹅肉。此刻的羊,面对突袭而来的乌鸦,只需采用不理睬的对策,就能对"利令智昏"的乌鸦达到以守为攻的效果。结果,乌鸦突袭羊的目的不仅没有得逞,反而成为牧羊人的猎物。

乌鸦之所以在袭击羊的行动中失败,是因为它没有自知之明。乌鸦只看到了鹰猎取羊的成功,却看不到鹰独有的长处和优势。当然,它更发现不了自己的短处和劣势。本来,乌鸦不具备捕猎羊的条件,而又要去做这种力不从心的捕猎,结果只能是失败。生活中,导致失败的原因,往往是当事者没有自知之明,既没有发现客观世界的奥秘,也没有发现主观世界的长短。归根结底,还是他们不了解自己,但是他们并不知道这一点。

战国时期,齐威王的相国邹忌长得相貌堂堂,身高 8 尺,体格魁梧,十分漂亮。与邹忌同住一城的徐公也长得一表人才,是齐国有名的美男子。一天早晨,邹忌起床后,穿好衣服,戴好帽子,信步走到镜子面前仔细端详全身的装束和自己的模样。他觉得自己长得的确与众不同、高人一等,于是随口问妻子说:"你看,我跟城北的徐公比起来,谁更漂亮?"他的妻子走上前去,一边帮他整理衣襟，一边回答说："您长得多漂亮啊，那徐先生怎么能跟您比呢？"邹忌心里不大相信，因为住在城北的徐公是大家公认的美男子，自己恐怕还比不上他，所以他又问他的妾，说："我和城北徐公相比，谁漂亮些呢？"他的妾连忙说："大人您比徐先生漂亮多了，他哪能和大人相比呢？"第二天，有位客人来访，邹忌陪他坐着聊天，想起昨天的事，就顺便又问客人说："您看我和城北徐公相比，谁漂亮？"客人毫不犹豫地说："徐先生比不上您，您比他漂亮多了。"邹忌如此做了三次调查，大家一致都认为他比徐公漂亮。可是邹忌是个有头脑的人，并没有就此沾沾自喜，认为自己真的比徐公漂亮。

恰巧过了一天，城北徐公登门拜访邹忌。邹忌第一眼就被徐公那气宇轩昂、光彩照人的形象怔住了。两人交谈的时候，邹忌不住地打量着徐公。他自觉自己长得不如徐公。为了证实这一结论，他偷偷从镜子里面看看自己，再调过头来瞧瞧徐公，结果更觉得自己长得比徐公差。

晚上，邹忌躺在床上，反复地思考着这件事。既然自己长得不如徐公，为什么妻、妾和那个客人却都说自己比徐公漂亮呢？想到最后，他总算找到了问题的结论。邹忌自言自语地说："原来这些人都是在恭维我啊！妻子说我美，是因为偏爱我；妾说我美，是因为害怕我；客人说我美，是因为有求于我。看起来，我是受了身边人的恭维赞扬而认不清真正的自我了。"

这则故事告诉我们，人在一片赞扬声里一定要保持清醒的头脑，特别是居于领导地位的人，更要有自知之明，才不至于迷失方向。

人贵有自知之明。可怕的自我陶醉比公开的挑战更危险。自以为是者不足，自以为明者不明。自明，然后能明人。流星一旦在灿烂的星空中炫耀自己的光亮时，也就结束了自己的一切。

魔力悄悄话

要真正了解自我，就必须换一个角度看自己。客观地审视自己，跳出自我，观照自身，如同照镜子，不但看正面，也要看反面；不但要看到自身的亮点，更要觉察自身的瑕疵。这包括对自己的学识能力、人格品质等进行自我评判，切忌孤芳自赏、妄自尊大。

二、个人修养是影响力的根基

我国素以"文明古国""礼仪之邦"著称于世。在当今的社会,上到国家元首互访,下至平民百姓的交往;从政坛巨匠的微笑到商界名家的握手,无一不体现着文明礼仪与修养的美德。我国古代修养较高的人不胜枚举。北宋范仲淹发出"先天下之忧而忧,后天下之乐而乐"的感悟;明朝的清官海瑞安贫乐道,公正严明。他们都是修养较高的典范。

人生最珍贵的不是地位、名誉、金钱,而是修养。修养是智慧的心曲,是思想的灯盏,是灵魂的美韵。与有修养的人谈话,如品香茗,如沐阳光,如临春风。因为,修养中蕴藏着美好而成功的人生,它高贵而典雅,清新而透明。它像有薄雾弥散的清晨那样令人遐思,又像静谧安逸的黄昏那样让人憧憬,不去认真体味,就难以感觉到它的浓郁和美好。

修养是决定人生成败的重要因素,良好的修养是一股支配人生的强大动力,能助你在竞争中轻松取胜,能让你在追求成功的道路上越走越广阔,能让你的人生因此而改变。历史上,凡成大器者,除了智慧、才学、谋略和机遇之外,良好的个人修养不能不说是获得成功的重要条件。诚然,任何时代也不乏怀才不遇者,他们或不修边幅,或桀骜不驯,或目光短浅,或浅尝辄止。我们不能将他们的失败完全归咎于学艺不精或者运气不佳,而忽略了个人修养对人生成败的决定作用。

人之成败不在于文化深浅,用功多少,智力高低,一半在自己的人生修养上。对于现代人来说,即使学历再高,学到的也只是"工具"而非人生的真谛。"工具"有李逵之板斧,有姑娘之绣花针,但是没有良好的个人修养,"工具"永远也不会转化为健全的人格和高尚的品格。

为了学习、生活而忙碌奔波的我们,可曾静下心来,回过头去,认真沉思并发现这样的问题:我们掌握了谋生手段,却不懂得生活的真谛;我们在不断地聚敛物质财富,却逐渐失去了自我价值;我们让年华付诸流水,却不曾将真诚倾注其中;我们行驶的道路宽了,眼光却越来越狭隘了;我们学会了追赶时间,却没有学会耐心等待;我们可以征服外部空间,却难以走进内心世界;我们购买了很多,可从中得到的快乐却越来越少;我们话语太多,真爱太少……

当我们接触一个人之后,常常会给他一些类似于这样的评价:"这个人修养高,有风度";"这个人有素质,谈吐文雅";"这个人太差劲,连句客气话都不会说";"这个人俗不可耐,满嘴脏话";"这个人太邋遢,衣服皱巴巴,连脸也没洗干净"……由此我们可以看出,只有那些素质高、有修养的人才会被人尊重,受人欢迎。

公共文明是社会意识的一种体现,而公共文明又是建立在个人的道德修养水平之上的。试想,如果一个人不注重自身的文明修养,他会有良好的公共文明吗?不会!因此,个人文明礼仪是根本,人要有良好的公共文明,必须先从自身做起,从身边做起。正如鲁迅先生所说:"中国欲存争于天下,其首在立人,人立而后凡事举。""立人"的意思便是要完善人的思想和文明修养,人的文明修养并不是与生俱来的,而是靠后天不断完善的。要完善个人修养,首先要致力于读书求学,完善自身的认知水平;认知到达一定水平,就有了明辨是非的能力;有了分辨是非善恶的能力,就要端正自身的心态,不违背自己的良知,努力使自己的一言一行都符合道德的标准。这样,自己的修养便得到了完善,便有了推进社会公共文明的基础力量。

修养使一个人定力增加,修养使一个人道德提升,修养使一个人学问丰富,修养使一个人人格完善。有修养者光明磊落,胸怀坦荡,正气凛然,与人为善,不与人争。修养助我们达到"得意泰然,失意坦然"的人生境界。唯有达到这种境界,才能使我们的心田得到彻底的滋润。

魔力悄悄话

修养不会像蘑菇一样,一阵雷雨之后就能从山土里钻出来,也不会像一首动人的歌曲,一夜之间可以唱红大江南北。修养要靠平日的积累,它需要深厚的文化底蕴作为根基,需要优良的品质作为载体,需要勤劳刻苦、威武不屈的精神作为后盾。所以,从现在起,马上修炼你的修养吧,让你的影响力升值。

三、为卓越建立良好的习惯

亚里士多德说："人的行为总是一再重复。因此，卓越不是单一的举动，而是习惯。"有科学数据表明：一个人一天的行为中，大约只有5%是属于非习惯性的，而剩下的95%的行为都是习惯性的。即便是打破常规的创新，最终可以演变成为习惯性的创新。

同样，人喜欢按习惯做事，为什么？因为习惯具有力量，习惯的力量叫作惯性。成功是一种习惯，失败也是一种习惯。习惯有好坏之分，好的习惯助人成功，坏的习惯使人受挫。所以，我们有必要建立好习惯，克服坏习惯。

根据行为心理学的研究结果：三周以上的重复会形成习惯；三个月以上的重复会形成稳定的习惯，即同一个动作，重复三周就会变成习惯性动作，形成稳定的习惯。

为了卓越，我们应建立以下这些良好的习惯：

1. 积极思维：要想养成积极思维的习惯并不难，当你在实现目标的过程中，面对具体的工作和任务时，你的大脑里去掉了"不可能"三个字，而代之以"我怎样才能"时，可以说，你已养成了积极思维的习惯。

2. 高效学习：确定你的工学习惯是否有效率，是否有利于成功，可以用这个标准来检验：即在俭省自己学习的时候，你是否为未完成学业而感到忧虑，即有焦灼感。如果你应该做的事情而没有做，或已做了而未做完，并经常为此而感到焦灼，那就证明你需要改变工作习惯，找到并养成一种高效率的学习习惯。

而要使工作有效率，最好的办法就是制订计划并严格按计划行事。有个名叫约翰·戈达德的美国人，当他15岁的时候，就把自己一生要做的事情列了一份清单，被称作"生命清单"。在这份排列有序的清单中，他给自己列出了所要攻克的127个具体目标。比如，探索尼罗河、攀登喜马拉雅山、读完莎士比亚的著作、写一本书等。在44年后，他以超人的毅力和非凡的勇气，在与命运的艰苦抗争中，终于按计划一步一步地实现了106个目标，成为一名卓有成就的电影制片人、作家和演说家。

中国有句老话:"吃不穷,喝不穷,没有计划就受穷。"尽量按照自己的目标有计划地做事,这样才可以提高工作效率,快速实现目标。

3.爱岗敬业:敬业是对渴望成功的人对待工作的基本要求,一个不敬业的人很难在他所从事的工作中做出成绩。

美国标准石油公司有一个叫阿基勃特的小职员,开始并没有引起人们的特别注意。然而,他的敬业精神特别强,处处注意维护和宣传企业的声誉。在远行住旅馆时总不忘记在自己签名的下方写上"每桶四美元的标准石油"字样,在给亲友写信时,甚至在打收条时也不例外,签名后总不忘记写那几个字。为此,同事们都叫他"每桶四美元"。这事被公司的董事长洛克菲勒知道了,他邀请阿基勃特共进晚餐,并号召公司职员向他学习。后来,阿基勃特成了标准石油公司的第二任董事长。

4.不断学习:哈利·杜鲁门是美国历史上著名的总统。他没有读过大学,曾经营农场,后来经营一间布店,经历过多次失败,当他最终担任政府职务时,已年过五旬。但他有一个好习惯,就是不断地阅读。多年的阅读,使杜鲁门的知识非常渊博。他的信条是:"不是所有的读书人都是一名领袖,然而每一位领袖必须是读书人。"

在当今竞争激烈的时代,更要求我们树立一辈子学习的观念,只有这样,才会立于不败之地。

魔力悄悄话

一个人在实现成功的过程中,除了要不断激发自己的成功欲望,有信心、热情、意志、毅力等之外,还应该搭上习惯这一成功的快车,实现自己的目标。所以习惯也是我们影响力的一部分,在任何时候,形成一个良好的习惯,才能达到你影响力的高度。

四、让自己每天进步一点点

日本在第二次世界大战中,被原子弹炸得体无完肤,可是在短短几十年之后,却成为经济强国,它成功的原因究竟是什么呢?

当时日本在二次大战结束后,经济一片萧条,日本企业界从美国请来一位叫戴明的管理学博士,戴明博士到日本之后就告诉日本人一个观念——每天进步一点点。他说,企业只要能够每天进步一点点,这个企业就一定能够茁壮成长。就这么一个再简单不过的观念被日本人采用了,所以,日本的企业都在研究每天如何进步一点点。这个信念造就了松下、本田、三菱的成功,使日本快速成为经济强国,这就是后来日本人所说的"改善管理"。

日本人几乎都不用发明任何新的东西,他们通常都是模仿,模仿别人已经有的东西然后加以改善,就像索尼发明随身听,虽然他们不是发明收音机的人,可是能够把收音机改善成为随身听,就是源于这个信念。到现在,日本的先进企业评比,最高的荣誉奖是"戴明博士奖",可见日本人对戴明博士的尊重程度之高。

后来,陷入困境的美国福特汽车公司又把戴明博士请回去,他们开始相信戴明博士。戴明博士依然告诉福特公司:"每天进步一点点!"不久后,福特公司从倒闭边缘变成了一年营业额超过60亿美元的巨人。

实际上,人生也就是一个追求比昨天更卓越的过程。

每个人对成功的看法都不一样,但有一点毋庸置疑,成功就是每天进步一点点——只要我们今天比昨天进步一点点,明天能比今天进步一点点,这样的过程就是成功。

每天进步一点点,这也是成功的绝招。只要每天踏踏实实地做一点,哪怕事情再小,时间长了,当你回望的时候,你会发现,你已经走出了很远。

有一个美国教练,他始终以"每天进步一点点"这个观念作为自己的执教之道,从而成就了很多球队。洛杉矶湖人队以年薪120万美元聘请他来当教练,帮助他们提升战绩。教练来到球队之后要求12个球员:"可不可以罚篮进步一点点,传球进步一点点,抢断进步一点点,篮板进步一点点,远投进步一点点,每个方面都能进步一点点?"球员一想:这么容易,进步一点点当然可以了。很快,湖人队成为NBA总冠军。教练总结说,因为12个球员一年在5个技术环节中分别进步1%,所以一个球员进步5%,而全队进步了6%。

生活中,只要我们每天进步一点点,那么一年就进步365个一点点,持续这样做,人生中任何一点点差距都有可能在几年后差距十万八千里。每天进步一点点,是我们工作所需要的,也是我们一辈子的事情。这就是我们每天的目标。

当今社会,科技飞速发展,越来越快的节奏,越来越浮躁的人心,功利性和短视让很多人迷失了自我,青少年更加应该注意。很多人对人生的追求变成了只看眼前,只争朝夕,希望今天播了种子,明天就收获果实。他们满世界地寻找秘籍,他们满世界地问人:给我部葵花宝典吧,我明天就能发了财。殊不知即便拿到了武功秘籍,也仍需要刻苦的练习,假以时日,才能最终成为武林高手。

魔力悄悄话

一步登天做不到,但一步一个脚印能做到;一鸣惊人不好做,但一股劲做好一件事可以做到;一下成为天才不可能,但每天进步一点点有可能。每天进步一点点,听起来好像没有冲天的气魄,没有诱人的硕果,没有轰动的声势,可细细琢磨一下。每天,进步,一点点,那简直就是在默默地创造一个意想不到的奇迹,在不动声色中酝酿一个真实感人的神话。

五、永远不满足自己的现状

有一个徒弟跟随师傅学艺多年,他自认为已经把师傅的本领都学到了,便去向师傅辞行。"师傅,我已经把您的手艺全学到了,可以出师了吧?"师傅望了望得意扬扬的徒弟,笑着说:"你去装一大碗石子来吧,要装得满满的,直到装不下。"徒弟很快装来了满满一碗石子。师傅问:"满了吗?""满了!"师傅随手抓起地上的沙子,沙子慢慢地渗入石子中,没有溢出来。"满了吗?"师傅再问。"满了!"师傅又倒了一杯水下去,仍然没有溢出来。

徒弟这才明白师傅的良苦用心,从此踏踏实实地跟师傅学手艺。一个人永远不要有"满"的感觉。唯有"不满",方可不断进步,最终由"不满"趋向于"满"。许多人取得了一点小小的成绩就沾沾自喜,以为自己有了很大的收获,非常了不起,甚至对别人不屑一顾。这也就是人们平常说的骄傲自满。其实,这是一种认识的误区,也是心理不成熟的表现。平凡的人之所以一事无成,就是因为他太容易满足于现状。青年时代轻而易举地获得成功,若从此而心满意足,那将是获得最终成功的障碍。"10 岁神童,15 岁才子,过了 20 岁就只是平平凡凡的人了。"这句话,说透了其中的含义。

北宋时期,民间出现了一个"神童",名叫方仲永。方仲永在 5 岁那年就懂得作诗,他的才能是无与伦比的。如果他进书院读书,长大之后,肯定是普天之下难得的人才,还有他那天生就有的才能,可是他绝对的优势。可方仲永的父亲认为仲永是天生的神童,不必接受后天的教育,同样可以出类拔萃。结果,方仲永长大之后,智力比平常人都不如。

这个故事告诉我们:一个人不能满足于现状,要不断地学习,不断地设定新的目标,只有这样,才可能有更辉煌的人生。现实中,贫困的人常能白手起家;反之,继承父母财产的人却往往家道中落。如此看来,没有欲望的人,就好比没有上发条的钟表一样。而要想让钟表走动,就必须费些力气上紧发条。只有全身充满激情的人,才有希望达到成功的巅峰。

摩托罗拉公司是世界财富百强企业之一,是全球芯片制造、电子通信的领导者。公司在完善自身的过程中有自己独特的一套方法——设立了"畅所欲言箱"和"建议箱",员工可随时抽取表格,署名填写有关建议和意见,公司主管领导必须及时给予答复。有一次,一名职工因食堂菜咸提了意见,很快得到反馈并做了改善。对员工的各种合理化建议,公司都有答复,即使目前执行不了,也要有说明,以保护大家的积极性。

同时,每个员工都要积极参加公司组织的 TCS 小组的活动,TCS 就是"让顾客完全满意"的英文缩写。这个"顾客"的内涵是广义的,除了产品用户之外,还包括公司内部的每一道工序。其目标是以最完善的工作质量,赢得下一道工序的满意——职工利用业余时间,针对工作中的某一难题,通过集思广益来决定问题、选定方案、采取行动、评价结果,寻找出解决问题的最佳办法。美国《幸福》杂志在评价摩托罗拉公司时指出,摩托罗拉公司是质量管理的坚持者、技术革新的先驱者、新产品的实践者。

当有人试探地询问摩托罗拉公司是否还有缺点时,该公司的高级管理人员笑着回答:"我们的缺点就是永远不满足现状。"总之,正是由于摩托罗拉公司这种永不满足于现状,追求令顾客完全满意的新思维,使得摩托罗拉公司最终成为美国荣耀的企业之一。诚然,与"不满足现状"观点恰恰相反的是"知足常乐",当前,很多人都提倡无欲无求、满足于现状,并认为这才是人生的最高境界。实际上,这两个观点并不矛盾,一个人在奋斗的过程中,不要满足现状,但要接受现实:满足现实。

魔力悄悄话

影响力是一种独特的魅力,时刻影响着周围的人,并且给予对方一种神奇的力量,甚至可以影响身边人的终生。拥有影响力的人,往往也是社会最具成功素质的人。一个人只有做最好的自己,才能彰显无穷的影响力。

六、学习能力代表竞争力

很多人离开学校后,往往把书本一扔,以为从此再也不必读书学习了。其实不然,学习是一辈子的事情。谁忽视了学习,谁就会在激烈竞争的社会中被淘汰。

活到老,学到老。大凡杰出的人,都是终身孜孜不倦追求知识的人,在漫长的人生经历中,即使再忙再苦再累,他们也不放弃对知识的追求,学习既是他们获取知识的途径,又是他们在逆境中的精神支柱。在他们看来,知识是没有止境的,学习也应该是没有止境的,学习使他们的思想、心理和精神永远年轻,也使他们的事业日新月异。

有人问爱因斯坦:"您可谓是物理学界空前绝后的人才了,何必还要孜孜不倦地学习?何不舒舒服服地休息呢?"爱因斯坦并没有立即回答他这个问题,而是找来一支笔、一张纸,在纸上画上一个大圆和一个小圆,说:"目前情况下,在物理学这个领域里可能是我比你懂得略多一些。正如你所知的是这个小圆,我所知的是这个大圆。然而整个物理学知识是无边无际的,对于小圆,它的周长小,即与未知领域的接触面小,它感受到自己的未知少;而大圆与外界接触的这一周长大,所以更感到自己的未知东西多,会更加努力去探索。"这是多么好的一个比喻,多么深刻的一番阐述啊!

"生命有限,知识无穷",任何一门学问都是无穷无尽的海洋,都是无边无际的天空……所以,谁都不要认为自己已经达到了最高境界而停步不前、趾高气扬。如果是那样的话,则必将很快被同行赶上,很快被后来者超过。

曾在2008年抗震救灾直播中潸然落泪的中央电视台节目主持人赵普就十分重视学习,他把学习作为一辈子的事。

"在自我成长、自我教育的过程当中,发现学习是一件终身的事情,是一辈子都要去做的事情，而且不能懈怠。"赵普在做客人民网访谈时，谈到了他对学习、对生活的理解，他给自己的评价是"勤奋"："我从来没有偷过懒。没有说我这几天可以懈怠，我可以不做。我脑子里总在想着我应该做些什么，我应该去努力地完成什么。"

从赵普的身上，我们能悟到很多道理：学历代表过去，只有学习能力才能代表将来。持续学习，虚心请教，才能少走弯路。

辽宁省大连市西岗区大龙街住着一位远近闻名的老寿星——隋伟清，她一生爱好学习，年近百岁时还参加了街道办的英语学习班，能讲一口熟练流畅的英语。为此，西岗区政府授予她"学习型百岁老人"称号。

隋伟清幼年时读过私塾，文化素质较高。在新中国成立前，她遇到过许多坎坷和磨难，依然不忘读书，先后读过"四书五经"、《烈女传》《幼学琼林》及许多古典小说和诗词，其中不少书籍读过多遍。隋伟清认为，经常读书不仅增长知识，开阔视野，舒心娱情，还能找到精神寄托，化解烦恼，增强人的思维能力，促进大脑细胞的新陈代谢，预防阿尔茨海默病，延缓衰老。隋伟清虽已百岁高龄，但她思维活跃，反应机敏，一点也不糊涂，身体也很健康，很少生病。

这一年，大连市提出要建设学习型城市，隋伟清听后积极响应，主动报名参加了社区办的英语基础学习班，成为全市年龄最大的学员。街道考虑到她年龄大，行动不方便，坚持教员登门上课和辅导，却遭到老人的拒绝，她说："我的身子骨很壮实，不会出现意外，经常出来走走有利于身体健康。"她参加英语班学习后，对自己要求很严，一般不请假。经过两年来的学习，她的英语水平提高很快，许多英语单词会写会背，日常可用英语同外国人交谈，还担任了居委会的英语小教员。

在隋伟清百岁大寿那天，区政府领导前来向老人祝寿时，还向她颁发了学习证书，授予她"学习型百岁老人"称号。事后，有位女记者采访她，老寿星用熟练的英语说："学习不分年龄大小，我要活到老，学到老，做一名与时俱进的学习型老人。"

在21世纪的今天，学习将具有全新的内涵，学习的内容和范围将大大拓展，和以往不可同日而语。科学研究证明，人类在最近30年所获得的知识约等于过去2000年之总和，而未来若干年内科技和知识还会在许多领域出现更为惊人的突破。预计到2050年左右，人类现今所掌握的知识届时将仅为知识总量的1%。由此可见,在人的一生中,最重要的是是否具有较强的学习能力。因为一个人只有具有较强的学习能力,才能够主动地获取新知识,适应"知识爆炸"的形势。

学习能力要求一个人不仅要学习宽泛广博的知识,还要学会学习的方法,树立终身学习的理念,与时俱进。一个人的学习能力往往决定了一个人竞争力的高低。一个人如果想要在激烈的竞争中立于不败之地,就必须在生活工作中不断地有所创新,而创新则来自知识,知识则来源于一个人的学习能力。

魔力悄悄话

"真正持久的优势就是怎样去学习,就是怎样使自己能够学习得比对手更快。"是啊,学习是一种生存能力的表现,通过不断的学习,专业能力就会不断提升。所以,一个人不论处于人生的哪个阶段,都不应该停止学习。

七、不要为自己找借口

汉武帝经常出巡以向民众示意治国之决心。有一次,他将要出巡,路过宫门口时看到一位头发全白的老人,穿着很旧的衣服,站在门口十分认真地检查出入宫门之人。

汉武帝问老人:"先生是否早任此郎官之职? 为什么年纪已老还做郎官?"老人答:"我姓颜名驷,江都人。从文帝起,经三朝一直担任此职。"汉武帝问:"你为什么没有升官机会?"颜驷答:"汉文帝喜好文学,而我喜好武功;后来汉景帝喜好老成持重的人,而我又年轻喜欢活动;如今您做了皇帝,喜欢年轻英俊有为之人,而我又年迈无为了。因此,我虽然经过三朝皇帝,却一直没有升官。"

颜驷几十年没有升职,真的没有自己的原因吗? 他历仕三朝,经过了三种用人风格的皇帝,都没有升迁的机会。那就应该在自己身上找原因了,怎么能总是怪时运不好呢? 就好比一名公司职员,在三位上司手下工作,都不能得到赏识,能说全是上司的责任吗?

人的一生有时候就是一个遗憾的过程,从错误中寻找正确,从失败中寻找成功,从黑暗中寻找光明,从不完美中寻找完美。但是,有很多人无法接受失败,他们认为失败是一种很不光彩的事,每当失败时他们总会为自己的失败找借口、找理由。当他们做事不顺心时,当他们学习不好时,当他们参加了各种比赛没有获奖时,就会怪罪于他人,就在为自己的失败找借口、找理由,这也是所有不成功的人的共同特征。为自己的失败找理由,而且抓着这些他们相信是万无一失的借口不放,以便于解释他们为何成就有限。

正因为他们将所有的精力与时间都花在寻找一个更好的借口上,因此,即使下一次重新开始,失败仍是必然的。相反,那些成功人士在遇到困难时,总是在想办法解决,而不是为自己找一堆无用的借口,以借其掩饰自己的过错和失败。他们知道借口是事业成功的最大障碍,凡事都要从自己的身上找原因,而不是怨天尤人。

在职场上,经常听到以下这些借口,这些形形色色的借口是典型的作茧自缚。所以,我们一定要努力克服。

如果用"嫁祸他人以减轻自己的责任"来诠释它的含义,不要觉得太过分。事实上,很多人板起脸来显得与世无争时,往往掩盖了他最真实的意义。无论在哪一家公司,骄人的业绩都来自团队每一个部门、每一个人的紧密协作,而问题出现在某一个结点上也会影响全局。如果问题出现时,我们都说与我无关,相信颓废之风就会蔓延。

"现在很忙,等下周吧"是典型的拖延型借口。如果一个人的工作进度是按时间表规划好的,那么他会在接受任务时告诉你为什么目前不能做,手边有什么事情,大概会在什么时间段来操作这个项目。现在有很多这样的员工,他们信誓旦旦,言之凿凿,却总是把本来可以在短时间内完成的工作拖到以后。

"不是我不努力,是对手太强",这句话一般出自某场战斗的败北者口中。人们为不思进取寻找借口时,通常会用到这句话。遭遇困难时,积极地克服与应对会更能激发出一个人的潜能,不然就不会发生后来者超越前者的故事了。而不思进取最终是意志品质上的认输,对手太强的意思就是:我比人家差太多。常说这句话的人,不是尊重对手,而是在不断否定自己。"一直就是这样的。"意在告诉他人我在某种被认可的、安全的定式当中。

一个缺乏创新精神的员工总是喜欢沿用传统而固定的模式,按部就班地工作,或许有那种喜欢下属不必具备进取精神的上司会青睐他们,因为他不需要一个挑战他的员工,但喜欢跟随他、丝毫没有个人主见的员工,在职场上要承担来自自己的很大的风险。

魔力悄悄话

沟通是每一个职场人都应该具备的基础能力。当一名员工总是把自己工作中的不顺利归结在别人身上的时候,也许是已经意识到自己的能力不够,尤其是当另外一个人提出了比较尖锐或敏感的问题,凭自己的经验已经解决不了,又很难回避的时候,往往就会很无奈地说出这个借口。

第三章 为人处世的影响力

一个人如果过分方方正正、有棱有角，必将碰得头破血流；但是一个人如果八面玲珑、圆滑透顶，总是想让别人吃亏，自己占便宜，也必将众叛亲离。因此，做人必须方中有圆，圆中有方，外圆内方。"方"是做人之本，是堂堂正正做人的脊梁。人仅仅依靠"方"是不够的，还需要有"圆"的包裹，无论是在商界、仕途，还是交友、情爱、谋职等，都需要掌握"方圆"的技巧，这样才能无往而不利。

一、做人要懂方圆之道

中国人传统的处世之道,就凝聚在一枚小小的古铜钱中——外面圆圆的,中间却是棱角分明的方孔。其寓示着"外圆内方"的做人道理:外圆可减少阻力,便于流通提携;内方可一线贯通,秩序井然。

"方",方方正正,有棱有角,指一个人做人做事有自己的主张和原则,不被外人所左右;"圆",圆滑世故,融通老成,指一个人做人做事讲究技巧,既不超人前也不落人后,或者该前则前,该后则后,能够认清时务,使自己进退自如、游刃有余。

一个人如果过分方方正正、有棱有角,必将碰得头破血流;但是一个人如果八面玲珑、圆滑透顶,总是想让别人吃亏,自己占便宜,也必将众叛亲离。因此,做人必须方中有圆,圆中有方,外圆内方。"方"是做人之本,是堂堂正正做人的脊梁。人仅仅依靠"方"是不够的,还需要有"圆"的包裹,无论是在商界、仕途,还是交友、情爱、谋职等,都需要掌握"方圆"的技巧,这样才能无往而不胜。

去过庙里的人都知道,一进庙门,首先是弥勒佛,笑脸迎客。而在他的北面,则是黑口黑脸的韦陀。

但相传在很久以前,他们并不在同一个庙里,而是分别掌管不同的庙。弥勒佛热情快乐,所以来的人非常多,但他什么都不在乎,丢三落四,没有好好地管理财务,所以依然入不敷出。而韦陀虽然管账是一把好手,但成天阴着个脸,太过严肃,搞得人越来越少,最后香火断绝。

佛祖在查香火的时候发现了这个问题,就将他们俩放在同一个庙里,由弥勒佛负责公关,笑迎八方客,于是香火大旺。而韦陀铁面无私,分厘必较,则让他负责财务,严格把关。在两人分工合作以后,庙里一派欣欣向荣的景象。

在韦陀身上,体现的是做人的"方";弥勒佛则是"圆"的代表。很显然,无论是方或是圆，都没有方圆合一来得好。

在现实生活中，有的人在学校时成绩是一流的，进入社会却成了打工的；有的人在学校时成绩是二流的，进入社会却当了老板。为什么呢？就是因为成绩一流的同学过分专心于专业知识，忽略了做人的"圆"；而成绩二流甚至三流的同学却在与人交往中掌握了处世的原则。正如卡耐基所说："一个人的成功只有15%是依靠专业技术，而85%却要依靠人际关系、有效说话等软科学本领。"

著名教育家黄炎培十分赞赏"外圆内方"的做人原则。他在给儿子写的座右铭中就有这样的话："和若春风，肃若秋霜，取象于钱，外圆内方。"黄老先生的话，实际上是对"外圆内方"的一个很好的解释。在他看来，"圆"就是要"和若春风"，对朋友、同事、左邻右舍要敬重、诚实、平易近人，和气共事；"方"就是要"肃若秋霜"，做事要认真，坚持原则。"取象于钱"则是以古代铜钱为形象比喻，启发人们要把"外圆"与"内方"有机统一。真可谓言简意赅，发人深省。

同样，动为方，静为圆；刚为方，柔为圆。以不变应万变是方，以万变应不变是圆。凡事都在圆中预、方中立，这是古人谋事的原则，也是亘古不变的真理。世间事物都在这方圆之中，而方圆也是历史和哲学的辩证。

大学者纪晓岚身处清朝由盛而衰、由治而乱的过渡时期，以天纵之聪明，在复杂多变的官场中，随机应变，方圆相济，上得天道，下抚黎民，生前显赫，死后留芳。他传奇般的成功就在于他巧妙地将方和圆有机地结合起来。达成了天理与人欲、品德与才华、生活与事业、为学为官等一系列看似对立的事物之间的高度统一。从方圆的角度来看待纪晓岚的为人处世之道，可以发现：就人际交往而言，纪晓岚认为，一个人与最要好的朋友之间，也有对立面；与最仇恨的敌人之间，也有依赖面。处理好人际关系，主要就是根据彼此依赖面大还是对立面大，巧妙地把握方与圆的转化。

俗话说："伴君如伴虎。"纪晓岚在处理自己与皇帝的关系时，也充分地运用了方圆之道。一天，纪晓岚陪同乾隆皇帝游大佛寺。君臣二人来到天王殿，但见殿内正中一尊大肚弥勒佛，袒胸露腹，正在看着他们憨笑。乾隆问："此佛为何见朕笑？"纪晓岚从容答道："此乃佛见佛笑。"乾隆问："此话怎讲？"纪晓岚道："圣上乃文殊菩萨转世，当今之活佛，今朝又来佛殿礼佛，所以说是佛见佛笑。"乾隆暗暗赞许,转身欲走,忽见大肚弥勒佛正对纪晓岚笑,回身又问:"那佛也看卿笑,又是为何?"纪晓岚说:"圣上,佛看臣笑,是笑臣不能成佛。"

　　真正的"方圆"之人是大智慧与大容忍的结合体,有勇猛斗士的威力,有沉静蕴慧的平和。真正的"方圆"之人能对大喜悦与大悲哀泰然不惊。真正的"方圆"之人,行动时干练、迅速,不为感情所左右;退避时,能审时度势、全身而退,而且能抓住最佳机会东山再起。真正的"方圆"之人,没有失败,只有沉默,是面对挫折与逆境积蓄力量的沉默。

魔力悄悄话

　　外圆内方的人,有忍的精神,有让的胸怀,有貌似糊涂的智慧,有形如疯傻的清醒,有脸上挂着笑的哭,有表面看是错的对,总之,方外有圆,圆内有方,外圆内方,可谓人生的最高境界。

二、宽容待人的人受人尊敬

在人际交往中,我们不可避免地会遇到各种挑战,有时甚至是恶意的攻击,针锋相对,会让你徒增懊恼。但如果你能宽容别人的过失,以豁达的心胸面对,你会发觉宽容比发怒更让你畅快。

阿诺德说过:"宽容是在荆棘丛中长出来的谷粒。"宽容使人清醒、使人明智、使人坦然、使人明辨是非,同时,不计个人得失,可以让人着眼于一生一世,而不是一时一事。宽容胜过一剂良药,不仅能给对方带来好心情,而且可以使自己身心舒畅。宽容使软弱的人觉得这个世界温柔,使坚强的人觉得这个世界高尚。如果说苛责、仇恨和嫉妒是人心中的沙漠,那么宽容便是那沙漠之中的绿洲和河流。一个人的胸怀能容下多少人,才能赢得多少人。多一分谅解,多一分宽容,多一分宽待,多一分善意,我们身边就会更加和谐,人生也就会变得更加精彩。

有一次,在开往费城的火车上,中途一个妇人上了车,走进一节车厢,坐在了座位上。这时候,走过来一位略显肥胖的男子,坐在她对面的座位上,点了一根香烟。她禁不住咳了几声,身子也挪来挪去。

可是,那个男子丝毫没有注意到她的暗示。最后,妇人终于忍不住开口说道:"你多半是外国人吧?大概不知道这趟车有一节吸烟车厢,这里是不让抽烟的。"

那个男子一声不吭地掐灭了香烟。

过了一会儿,列车员过来对老妇人说,这里是格兰特将军的私人车厢,请她离开。她听了大吃一惊,站起身就往门口走。她看着将军一动不动的身影,心里有些慌张和害怕。而整个过程中,将军仍像刚才一样表现出了他的宽容大度,没有给她任何难堪,甚至没有取笑嘲弄她的神情。

将军在妇人面前表现出了自己的涵养,他并没有因为自己的地位高贵而轻视她;相反,却顾及到了妇人的尊严,让妇人备受感动,也让我们学到了做人的学问。

一个有志于事业成功的人,宽容对他来说是一门不可或缺的人生必修课。胸襟博大,心宽志广,万事顺达,他就会上下和睦,左右逢源,以充沛的精力投入到工作之中,使自己的事业大有成就。学会宽容,也许这正是人生处世最高深、最艰难的修炼,谁的修炼最独特、最成功,谁在生活中得到的益处就最多。正所谓吃亏是福,忍让是德。宽容是我们每一个人都应该具有的良好道德和修养。

一座寺院有位德高望重的长老。一天,他在寺院的高墙边发现了一把椅子,他知道这是贪玩的小和尚借此越墙到寺外去玩。于是长老搬走了椅子,站在那儿等候。午夜,外出的小和尚回来了,他爬上墙,再跳到"椅子"上,他觉得"椅子"踩上去的感觉有点儿怪,不似先前硬,软软的甚至有点儿弹性。落地后小和尚定睛一看,才知道椅子已经被挪走了,刚才是长老用背脊来承接他的。小和尚仓皇不已,以后的一段日子他都诚惶诚恐等候着长老的发落。但长老并没有这样做,甚至压根儿没提及这件"天知地知你知我知"的事。小和尚从长老的沉默和宽容中获得启示,他收住了心,再没有去翻墙,通过刻苦的修炼,成了寺院里的佼佼者,若干年后,成为寺院的住持。

一个人没有容人的肚量就不会有大的成就。一个宽宏大量的人很容易与别人融洽相处,同时也很容易获得朋友。历史上,成功的人物并非有三头六臂,也并非功力过人,而是因为他们有容人的肚量。法国文学大师雨果曾说过这样一句话:"世界上最宽阔的是海洋,比海洋宽阔的是天空,比天空更宽阔的是人的胸怀。"宽容是人类生活中至高无上的美德。因为宽容包含着人的心灵,因为宽容可以超越一切,因为宽容需要一颗博大的心。宽容是人类情感中最重要的一部分,这种情感能融化心头的冰霜。

古希腊神话中有一位大英雄叫海格里斯。一天他走在坎坷不平的山路上,发现脚边有个袋子似的东西很碍脚,海格里斯踩了那东西一脚,谁知那东西不但没有被踩破,反而膨胀起来,加倍地扩大着。海格里斯恼羞成怒,操起一根碗口粗的木棒砸它,那东西竟然长大到把路堵死了。

正在这时,山中走出一位圣人,对海格里斯说:"朋友,快别动它,忘了它，离它远去吧！它叫仇恨袋，你不犯它，它变小如当初；你侵犯它，它就会膨胀起来，挡住你的路，与你敌对到底！"

　　我们生活在茫茫人世间，难免会与别人产生误会、摩擦。如果不注意，在我们心怀仇恨之时，仇恨便会悄悄成长，最终会导致堵塞通往成功的道路。所以，我们一定要记住在自己的仇恨袋里装满宽容，那样我们就会少一分烦恼，多一分机遇。

　　总之，宽容是一种胸怀。人要成大事，就一定要有开阔的胸怀，只有养成了坦然面对、包容一些人和事的习惯，才能够取得事业上的成功与辉煌；宽容是一门交际的艺术，它润滑了彼此的关系，消除了彼此的隔阂，扫清了彼此的顾忌，增进了彼此的了解。宽容能够打开两颗相对封闭的心灵，它像一种明澈而柔润的调剂，使之相融相知，懂得宽容的人生是美丽的；宽容是一种自我解脱。宽容他人，给予他人尊重和信任，同时也是赐予自己幸福和快乐；宽容更是一种智慧、一种博大的情怀。

魔力悄悄话

　　宽容了他人，受益了自己，是做人的大度和涵养，是一种积极的生活态度和高尚的道德观念，它不仅体现着人性的仁爱，更体现着一种智慧的心态。给予他人微笑和友善，你的心灵会很踏实和轻松，也只有怀着一颗宽容之心的人，才会看到生活中更美好更真诚的一面，你对他人吝啬宽容，生活就会对你吝啬幸福。

三、谦逊更能提高身价

　　谦逊不仅是一种为人的品格，而且是一种做人的策略。

　　做人贵在谦逊。《周易·谦卦》中说："谦谦君子，卑以自牧。"意思是说，有道德的人，总是以谦恭的态度，自守其德，修养自身。一个谦虚的人总能获得周围人的认同赞扬，从而使自己的社会交往更加游刃有余。同时，谦逊的心态又会使自己具备一种认真做事的精神，更加踏实和敬业，同时会使事情完成得更好。

　　谦逊做人就是低调做人。大度睿智的低调做人，有时比横眉冷对的高高在上更有助于问题的解决。对他人的小过以大度相待，实际上也是一种低调做人的态度，这种态度会使事情很好地获得解决。

　　如果一个人执着于自己的尊严和面子，可能就会发生落难的悲剧；如果放下身段，抛开身份，也许会发现，面前的路越走越宽；如果降低姿态，低调做人，也许在不知不觉中就会发现，自己得到的会更多。

　　对于遭遇困境的人来说，降低姿态，放下架子，抛开面子，眼前的困难即可能会轻松地解决掉。而对于一些相对比较成功的人来说，降低姿态，与大家平等相处，非但没有人觉得你失去了面子，反而会让大家更加尊重你。如果领导经常与下属的职员一起同吃同喝，无形中就能提高他的亲和力，更能使员工听从他的指挥。倘若他高高在上，不苟言笑，下属的敬畏之心有了，但是距离也远了，如此一来，就不可能获得众人的爱戴。

　　一个懂得谦逊的人，是一个真正懂得积蓄力量的人，谦逊能够避免给别人造成太张扬的印象，这样的印象恰好能够使一个人在生活、工作中不断积累经验与能力，最后达到成功。

　　领导香港电影新潮流的大导演许鞍华，她为人非常谦逊。有一天，香港一档电视节目采访她，主持人问她是不是觉得自己特别出色，因为香港很多导演刚开始出道时都是在她的手下当助手的。她笑着说："出色？不，我很自卑呢。"随即孩子似的说开了："我长得这么不好看，分不清左右，学不会开车，常常把油门当刹车踩，而且我不会煮饭不会做家务，在生活中几乎是一个废人，人多的时候，我还不会讲话……所以我非常自卑。"

是的，成功来自谦逊，从许鞍华诚言"自卑"的谦逊中不就折射出成功的真谛了吗？

性格豪放者心胸必然豁达，壮志无边者思想必然激越，思想激越者必然容易触怒世俗和所谓的权威。所以，社会要求成大事者能够隐忍不发，低调做人。实际上，谦逊绝不会使高贵者变得卑微，相反，倒更能增强人们的崇敬之情。这样的人把自己的生命之根深深扎在人民大众这块沃土之中，哪能不根深叶茂、令人敬重呢？

魔力悄悄话

一个人可能身居要职、声名显赫，也可能腰缠万贯、富可敌国，但是，终究也只是一个凡人。一位西方的哲人曾经说过："一滴水的最好去处是什么地方？那就是大海。"每个人都只是大海里的一滴水，所以，倒不如放下身段，谦逊做人，这才是做人的根本。

四、吃亏是一种隐性投资

凡事礼让三分,尽可能地为他人多着想,能不计较的就不计较,能成全的就成全,这是最好的人情投资。

现在的人最怕吃亏,宁可让别人吃亏自己也不能吃亏。可是,老人们却时常劝说儿孙们说:吃点亏不是什么坏事,吃亏是福。

吃亏,并不是每个人轻易就能做到的,需要有容忍雅量。能吃亏,是宽容大度、忍辱负重、能屈能伸的象征。

能够吃亏的人,往往一生平安,幸福坦然。吃一堑,长一智,吃亏不亏,惜福得福。

以前,在北边的边塞地区有一个人很会养马,大家都叫他塞翁,有一天,塞翁的马从马厩里逃跑了,越过边境一路跑进了胡人居住的地方,邻居们知道这个消息都赶来慰问塞翁,希望他不要太难过,塞翁一点都不难过,反而笑笑说:"我的马虽然走失了,但这说不定是件好事呢?"

过了几个月,这匹马自己跑回来了,而且还跟来了一匹胡地的骏马,邻居们听说这个事情之后,又纷纷跑到塞翁家来道贺。塞翁这回反而皱起眉头对大家说:"白白得来这匹骏马,恐怕不是什么好事噢!"

塞翁有个儿子很喜欢骑马,他有一天就骑着这匹胡地来的骏马出外游玩,结果一不小心从马背上摔了下来,跌断了腿,邻居们知道了这件意外后,又赶来塞翁家,慰问塞翁,劝他不要太伤心,没想到塞翁并不怎么难过、伤心,反而淡淡地对大家说:"我的儿子虽然摔断了腿,但是说不定是件好事呢!"

邻居每个人都莫名其妙,他们认为塞翁肯定是伤心过头,脑筋都糊涂了。

过了不久,胡人大举入侵,所有的青年男子都被征集去当兵,胡人非常剽悍,所以大部分年轻男子都战死沙场,塞翁的儿子因为摔断了腿不用当兵，反而因此保全了性命。

这个时候，邻居们才体悟到，当初塞翁所说的那些话里头所隐含的智慧。

这个寓言告诉我们，当下的吃亏，未必就是坏事。更多的时候，损失蝇头小利会换得巨额大利，吃亏后才会懂得珍惜。吃小亏在先，占大便宜在后。

好胜的人通常是不愿意吃亏的，什么事都要争个你死我活，而这种人其实说到底，也就是缺少自信的人。他们害怕认输后被人笑话，于是明明是不对的，也要坚持到底。这种不愿意吃点小亏的人，最终的结果就是吃大亏。

海滩上的蓝甲蟹分为两种：一种是较凶猛的，不知躲避危险，跟谁都敢开战。

一种是温和的，不善抵抗，遇有敌人，便翻过身子，四脚朝天，任你怎么叼它、踩它，它都不理不动，一味装死，宁可吃亏。

如此，经过千百年的演变，出现了一种有趣的现象，强悍凶猛的蓝甲蟹越来越少，成了濒危动物。而较弱的蓝甲蟹，反而繁衍昌盛，遍布世界许多海滩。

动物学家研究发现，强悍的蓝甲蟹一是因为好斗，在相互残杀中首先灭绝了一半，其次是因为强悍而不知躲避，被天敌吃掉一半。

而软弱的、会装死的蓝甲蟹，则因为善于吃亏，善于保护自己，反而扩大了自身。

在澳洲，强悍的烈马，生命反而短暂，一般是被杀掉吃肉，而微弱的母马，往往能被利用，驯服后在赛场上很有可能成为一匹夺冠的快马。快马得势，反而是建立在最初的懦弱上。

美国心理学家做过这样的调查，一名彪形大汉，在拥堵的马路上横穿而过，愿意给他让路的车辆不到50%，车祸率很高。而一名老弱病残者横穿马路，却是万人相让，大家还觉得自己是做了善事，车祸率为零。

从以上这些事例中,我们可以看出,弱与强,吃亏与不吃亏,在某些时候、某些情况下,得到的结果截然相反。"吃亏"不光是一种境界,更是一种睿智。

不能吃亏的人,在是非纷争中斤斤计较,他只局限于现在不吃亏的狭隘的自我思维中,这种心理会蒙蔽他的双眼,势必会遭受更大的灾难,最终失去的反而更多。

学会吃亏,是人生在世心态平和的出发点。如今很多人都爱表现出强者的风范,往往碰得头破血流;而以吃亏者的姿态行事,人自然会谦虚谨慎,别人也会愿意接受,反而会使一切顺畅。

所以,如果能经常以一种吃亏者的姿态出现,以吃亏者的面貌去把握自己,就能成为长久的赢家。

魔力悄悄话

世界上没有白吃的亏,有付出必然有回报,生活中有太多这种事情,如果斤斤计较,往往得不到他人的支持。只要放开度量,从长远的角度思考问题,就会发现,吃亏实际上就是一种商业投资,吃亏就是福呀!

五、诚信是人生立世之本

孔子曾说过:"人而无信,不知其可也。大车无輗,小车无軏,其何以行之哉?"中华民族自古就推崇诚实守信的道德观,讲究做人要有真情实意,一诺千金。在当代社会,这些传统美德并没有过时,诚实守信仍是人们最基本的道德标准。

清朝时期,有一个老商人,走南闯北做了一辈子小买卖,积攒下了一些钱,就回到家乡开了一个小饭馆。眼看自己一天一天老了,他觉得应该把他的小饭馆交给他的儿子们来管理。

老商人老伴去世早,膝下有三子。大儿子和二儿子机灵,常有一些鬼点子;小儿子性情憨厚老实,只知道读书,很少管家里的事。他想了很久,也不知道该把辛辛苦苦办起来的小饭馆交给谁才好。

70岁生日那天,老商人的三个儿子都来给他祝寿。家宴结束后,他把儿子们叫到书房里,对他们说:"孩子们啊,今天我有一件事情要给你们交代。我现在老了,怕是活不了几年了,说不定哪一天就突然闭上眼睛了。我这辈子也没留下什么财富,就这么一个小饭馆,我想在你们当中选一个合适的人来管理它。我想了好久,想了一个非常公平的办法,现在我就宣布这个办法,你们都给我听好了。"老商人立即吩咐家里的仆人搬来三个已经装好土的花盆,然后从怀里掏出三粒种子放在桌子上,严肃地说:"这是我精心挑选的花种,你们在这里任选一颗种在花盆里,半年以后,拿来给我看,谁养的花最令我满意,我就把这个小饭馆交给谁。但是要记住:只能用我发给你们的种子!只能用这花盆里的土!"

三个儿子都答应了父亲的吩咐。大儿子和二儿子回到家里,精心培育了几天,可是就是不见花盆里的种子发芽,于是就偷偷地去乡下找花匠。他们从花匠那里买了同样品种的种子,又让花匠换了花盆里的土壤,高高兴兴地把花盆抱回家。没过几天,那种子就发芽了。

憨厚老实的小儿子每天按时给花盆浇水,可就是不见发芽。他一点儿也不着急,仍然按时浇水施肥。半年很快就过去了,该是老商人验收花的时候了。三个儿子都端着花盆来给老商人看,大儿子和二儿子养的花都枝繁叶茂,还开出了很鲜艳的花朵。老商人看着漂亮的鲜花,没有表现出格外的兴奋,反而有了几分忧虑。当他看见小儿子端着没有长出鲜花的花盆时,老商人什么也没说,就把小饭馆的钥匙和账本交给了小儿子。

其他两个儿子很不服气,就生气地问老商人:"父亲大人,三弟的花盆里什么都没有,您怎么就把饭馆交给他了呢?"老商人说:"做生意一定要讲究诚信,因此要选一个诚实的人做接班人,看来你们的弟弟是最诚实的。"那两个儿子一起问:"为什么?"老商人缓缓地说:"那是三颗炒熟的种子。"

老商人之所以选中了小儿子作为接班人,是因为他诚实守信。小儿子用自己的诚实赢得了父亲的信任。诚信是做人的美德,诚信是立足的根基,诚信是做人的根本准则,是一个人安身立命之道。讲诚信,并不是为了维护和增加自己的利益,而是要尽到做人的本分。著名教育家陶行知曾说过:"千教万教教人求真,千学万学学做真人。"只有用诚信校正成长的脚步,人生才会更踏实精彩。

相反,如果一个人谎话连篇,说话不算数,不守信义,谁还会相信他?"无诚则有失,无信则招祸。"那些践踏诚信的人也许能得益于一时,但终将作茧自缚,自食其果。

公元前781年,周宣王去世,他儿子即位,就是周幽王。周幽王昏庸无度,到处寻找美女。大夫越叔带劝他多理朝政。周幽王恼羞成怒,革去了越叔带的官职,把他撵出去了。这引起了大臣褒珦的不满。褒珦来劝周幽王,但被周幽王一怒之下关进监狱。褒珦在监狱里被关了三年。其子将美女褒姒献给周幽王,周幽王才释放褒姒。周幽王一见褒姒,喜欢得不得了。褒姒却老皱着眉头,连笑都没有笑过一回。周幽王想尽法子引她发笑,她却怎么也笑不出来。虢石父对周幽王说:"从前为了防备西戎侵犯我们的京城,在翻山一带建造了二十多座烽火台。万一敌人打进来,就一连串地放起烽火来,让邻近的诸侯瞧见,好出兵来救。这时候天下太平,烽火台早没用了。不如把烽火点着,叫诸侯们上个大当。娘娘见了这些兵马一会儿跑过来,一会儿跑过去,就会笑的。您说我这个办法好不好?"

周幽王眯着眼睛,拍手称好。烽火一点起来,半夜里满天全是火光。邻近的诸侯看见了烽火,赶紧带着兵马跑到京城。听说大王在细山,又急忙赶到细山。没想到一个敌人也没看见,也不像打仗的样子,只听见奏乐和唱歌的声音。大家我看你,你看我,都不知道是怎么回事。周幽王叫人去对他们说:"辛苦了,各位,没有敌人,你们回去吧!"诸侯们这才知道上了大王的当,十分愤怒,各自带兵回去了。褒姒瞧见这么多兵马忙来忙去,于是笑了。周幽王很高兴,赏赐了虢石父。隔了没多久,西戎真的打到京城来了。周幽王赶紧把烽火点了起来。这些诸侯因上次上了当,这次又当是在开玩笑,全都不理他。烽火点着,却没有一个救兵来,京城里的兵马本来就不多,只有一个郑伯友出去抵挡了一阵。可是他的人马太少,最后给敌人围住,被乱箭射死了。最后,周幽王和虢石父都被西戎杀了,而褒姒则被掳走了。

其实,哪里是西戎杀了周幽王?明明是诚信杀了周幽王!周幽王为博美人一笑,不惜戏弄诸侯,实际上是在出卖自己诚信的品格。

魔力悄悄话

"诚实是一个人最明智的选择,欺骗也许能够获得暂时的利益,但是丧失的不仅仅是别人的信任,还有自己的信心。"所以,对人首先要以诚相待,这样你才能真实地对待自己。

六、识时务者为俊杰

在生活中,识时务、审时度势是智慧的处世良方。正所谓识时务者为俊杰。

"识时务者为俊杰"的说辞最早是用于诸葛亮的身上。据《三国志·蜀志,诸葛亮传》记载,刘备当年打天下,流落到荆州,后来被蔡氏兄弟追杀,飞跃檀溪,逃到襄阳的水镜庄。水镜庄里有个著名隐士司马徽,人称"好好先生",又叫"水镜先生",意思"心如明镜",很会鉴赏人才。

当时的诸葛亮、徐庶等人都曾经向他求学问道。刘备求才心切,要求司马徽谈时务。司马徽很谦虚,就说:"儒生俗士,岂识时务?识时务者在乎俊杰。此间自有伏龙、凤雏。"意思是说,我不过是个书生,哪懂什么时务,识时务者为俊杰,这里的俊杰有卧龙、凤雏两人。这里的卧龙是指诸葛亮,而凤雏是指庞统。后世以"识时务者为俊杰"来指那些认清形势、了解时代潮流者才是杰出人物。

是的,所谓俊杰,并非专指那些纵横驰骋如入无人之境,冲锋陷阵无坚不摧的英雄,还应当包括那些看准时局、能屈能伸的处世者。所以,这就需要用另一种方法去解决问题。

魏徵在隋朝末年追随武阳郡丞元宝藏策应李密的起义,担任典书记。后来被李密看中。

然而,在李密那里,魏徵并不得志,"进十策以干密,虽奇之而不能用"。后来,魏徵随李密归顺了唐朝。在担任山东安辑大使期间,窦建德率兵攻陷了黎阳,魏徵成了大夏国的一名起居舍人。后来,窦建德失败,魏徵重又回到唐朝。在唐朝最初的几年中,魏徵先是在太子李建成府中担任洗马。李世民登基后,将其拜为谏议大夫等职。

可以说，在几十年的政治生涯中，魏徵数易其主，用一般人的眼光，肯定不是一个立场坚定的人，至少不是一个忠臣，不能为主人杀身成仁。然而，历史并没有因魏徵的这些"问题"而对其有所贬损，相反作为一代著名谏臣，他在历史上颇有地位。

回顾魏徵的一生，不难看出魏徵是个有胆有识的俊杰。想当年，他追随李密时，为的是将失去民心的隋王朝推翻，这是他识时务的表现——识国家之时务，识腐朽王朝即将崩溃之时务。为达到这一目的，他多次给魏公李密上疏，劝他"有功不赏，战士心堕"。

后来，唐太宗李世民即位，魏徵被视为亲信，多次被"引入卧内，访以得失"。此时对他来说，最大的时务是保证社稷的长治久安，因而要尽量让皇帝和朝廷少犯错误。

魏徵识时务还体现在生活的细节上。有一次，客人送给唐太宗一只鹞鹰，非常漂亮。唐太宗见了喜欢得不得了，就架在胳膊上玩儿。忽然，他远远看见魏徵走了过来，就将那只鹞鹰藏在怀里。

可是，魏徵却佯装不知，来到唐太宗面前，给他讲述历朝历代统治者玩物丧志而丢了江山、没了性命的故事。魏徵唠唠叨叨说了很久，等到魏徵走了，唐太宗敞开衣襟一看，那鹞鹰早给捂死了。《旧唐书》说魏徵虽然貌不惊人，却"素有胆智，每犯颜进谏，虽逢王赫斯怒，神色不移"。

由此可见，能够准确地识别时机的转换，是英雄创业的基本前提。

张良年少时因谋刺秦始皇未遂，被迫流落到下邳。一日，他到沂水桥上散步，遇一穿着短袍的老翁，老翁故意把鞋摔到桥下，然后傲慢差使张良说："小子，下去给我捡鞋！"张良愕然，不禁拔拳想要打他。

但碍于长者之故，不忍下手，只好违心地下去取鞋。老人又命其给穿上。饱经沧桑、心怀大志的张良，对此带有侮辱性的举动，居然强忍不满，膝跪于前，小心翼翼地帮老人穿好鞋。

老人非但不谢，反而仰面长笑而去。张良呆视良久，老人又折返回来，赞叹说："孺子可教也！"遂约其五天后凌晨在此再次相会。张良迷惑不解，但反应仍然相当迅捷，跪地应诺。

五天后，鸡鸣之时，张良便急匆匆赶到桥上。不料老人已先到，并斥责他："为什么迟到，再过五天早点来。"

这一次,张良半夜就去桥上等候。他的真诚和隐忍博得了老人的赞赏,这才送给他一本书,说:"读此书则可为王者师,十年后天下大乱,你用此书兴邦立国;十三年后再来见我。我是济北毂城山下的黄石公。"说罢扬长而去。

张良惊喜异常,天亮看书,乃《太公兵法》。从此,张良日夜诵读,刻苦钻研兵法,俯仰天下大事,终于成为一个深明韬略、文武兼备、足智多谋的"智囊"。

无疑,张良是识时务的。正是他隐忍不发,甘居人下,才终于有了后来的成就。

魔力悄悄话

现实生活是残酷的,很多人都会碰到不尽如人意的事情。残酷的现状需要你对人俯首听命,这时候,你必须面对现实,要知道,敢于碰硬,不失为一种壮举,可是,胳膊拧不过大腿,硬要拿着鸡蛋去与石头碰撞,只能是无谓的牺牲。"识时务者为俊杰",必可在现实社会的人性丛林里履险如夷。

七、面子能值几个钱

　　面子观念由来已久。在民间，"人活一张脸,树活一张皮""人争一口气,佛争一炷香"等和面子有关的俗语比比皆是。生活中我们也常常能看见有人为了面子互相攀比,铺张浪费。新人结婚时一定要大摆宴席,豪华名车成队,知名人士捧场,仿佛不这样就不算是结婚,就会非常没面子。

　　面子真有这么重要吗? 大多数人如此重视面子,究竟从中得到了什么呢? 德国有位专门研究中国文化的教授马特斯说:"中国人的面子,就是一种角色期待,中国人是作为角色而存在的,而不是作为人本身存在的。"作为中国传统文化的仰慕者,马特斯用了比较委婉的说法。仔细分析,他这句话的意思和"面子让中国人失去了自我"没有任何区别。

　　实际生活中,面子给大多数人带来的危害还远不止于此。俗话说:"死要面子活受罪。"面子这东西看不到也摸不着,但就是这个既看不到也摸不着的东西,让许许多多的人受尽了"折磨",更有甚者身陷囹圄,害人害己。

　　要面子是攀比心理的伴生物,爱面子者总是怀着一种不比别人差或超过别人的心理,来显示自己的价值。其实,这种不务实际的心理焦虑,等于是为自己设置障碍。人各有所长,也各有所短。以己之短,追慕他人所长,常常力所不及。如果能够摒弃这种以虚假的幻象来掩盖自己的攀比心理,就会正确地认识自我,发现自己的长处,感觉到别人也有不如自己的地方,不再为自己不如别人而苦恼。只有具备这种心态,才能自得其乐,摆脱心理焦虑的苦恼。

　　有些人为了自己的面子常常说一些谎话。比如,家里穷的人,只能吃得起青菜豆腐,就会宣称吃素食有益健康。著名作家钱钟书在其所著的小说《围城》中,就形象地描写了中国人这种好面子的本性——

　　"汪先生得意地长叹道:'这算得什么呢! 我有点东西,这一次全丢了。两位没看见我南京的房子——房子总算没给日本人烧掉,里面的收藏陈设都不知下落了。幸亏我是个达观的人，否则真要伤心死呢。'这类的话，他们近来不但听熟，并且自己也说惯了。这次兵灾当然使许多有钱、有房子的人流落做穷光蛋，同时也让不知多少穷光蛋有机会追溯自己为过去的富翁。日本人烧了许多空中楼阁的房子，占领了许多乌托邦的产业，破坏了许多单相思的姻缘。譬如陆子潇就常常流露出来，战前有两三个女人抢着嫁他，'现在当然谈不到了'。李梅亭在上海闸北，忽然补筑一所洋房，如今呢？可惜得很！该死的日本人放火烧了，损失简直没法估计。方鸿渐也把沦陷的故乡里那所老宅放大了好几倍，妙在房子扩充而并不会侵略邻舍的地。赵辛楣住在租界里，不能变房子的戏法，自信一表人才，不必惆怅从前有多少女人看中他，只说假如战争不发生，交涉使公署不撤退，他的官还可以做下去——不，做上去。"

留心观察我们的周围，就会发现，有很多如钱钟书笔下死要面子的人。大多数人常常认为一个人的面子是他社会地位的体现，加之每个人都不希望自己被人小看，所以总要千方百计地表现自己的优越之处。

有时，面对特殊情况，爱惜面子是毫无意义的。如果能够甘拜下风，做个姿态，自己并不会损失什么，而结果却是皆大欢喜。

1924年，有一次，北洋政府国务总理张绍曾主持国务会议。财政总长刘思远，人称"荒唐鬼"，他一到会场上坐下就大发牢骚说："财政总长简直不能干，一天到晚东也要钱，西也要钱，谁也没本事应付，比如胡景翼这个土匪，也是再三再四地来要钱，国家用钱养土匪，真是从哪里说起？"

胡景翼，陕西人，字笠增，同盟会员，1924年在北京同冯玉祥、孙岳发动北京政变，任国民军副司令兼第二军军长，是个炙手可热的人物。

刘思远的牢骚发完以后，大家沉默了一会儿。正在讨论别的问题时，农商部部长刘定五忽然站起来说："我的意见是今天先要讨论一下财政总长的话。他既说胡景翼是土匪，国家为什么还要养土匪？我们应该请总理把这个土匪拿来法办。倘若胡景翼不是土匪，那我们也应该有个说法，不能任别人不顾事实地血口喷人。"

财政总长刘思远听了这话，涨红了脸，不能答复。大家你看我，我看你，都不说话，气氛甚为紧张。静了约十分钟左右，张绍曾才说："我们还是先行讨论别的问题吧！"

"不行!"刘定五倔强地说,"我们今天一定要根究胡景翼是不是土匪的问题,这是关系国法的大问题!"

又停了几分钟,刘思远才勉强笑着说:"我刚才说的不过是一句玩笑话,你何必这样认真!"

刘定五板着面孔,严肃地说:"这是国务会议,不是随便说话的场合。这件事只有两个办法:一是你通电承认你说的话如同放屁,再一个是下令讨伐胡景翼!"

事情闹到这一地步,结局实难预料,但出人意料的是,刘思远总长竟跑到刘定五面前行了三个鞠躬礼,并且连声说:"你算祖宗,我的话算是放屁,请你饶恕我,好不好?"话至此,连刘定五也不知所措了,便有意将话题引向了其他事务上,其意思也是帮助刘思远消除影响。在这件事上,刘思远所采取的姿态很理智,可以说是用损失点面子挽回了丢位子的结局。

魔力悄悄话

"要面子",从某个角度看也是人类的优点,懂得廉耻,不甘落后,要强上进,但如果"死要面子"就必然导致"活受罪"。所以,放下面子才是一种智慧的选择。毕竟,面子能值几个钱呢?放下的是面子,舍弃的是心灵重负,得到的却是人际和谐、生活愉快。

第四章
创新产生影响力

我们人类比起许多生物来，存在的历史是非常短暂的。但人类何以在很短的时间内得以迅速地发展，其中一个最重要的原因就是"奇"，即归功于我们人类能够不断地出奇推新。原始社会的人们知道用木头和石器做工具，封建社会的人们知道冶炼生铁做工具，现在的人们知道运用电子技术推进社会发展。每个社会的发展都有自身的创新，这才推动了社会的进步。

人类个体自身的成长也是这样，唯有不断地创新，不停地探索新奇的发现，自己才能脱颖而出，这是一个人成功的关键。

一、"奇"就是创新

什么是"奇"？奇就是人们没有见过的事物，那些不曾被人们熟识所知、令其感到惊叹的东西。奇即少，就是与众不同。它的实质其实就是创新。

如果一个人想要自己的一生不平凡地度过，那就得出类拔萃，只有在某一领域出类拔萃，有了一些令世人瞩目的成就，才能得到人们的认可。如何才能做到这一点呢？那就是自己的一生要为社会的发展和进步有所创造，创造性是人们认为最有价值的一种能力。

在人类社会实践活动中，唯有具备创新的精神和意识，我们才能运用创造性思维和创造性劳动去认识和改造世界，从而为人类谋福利。成功的人生都有一些共同的创造性品质，人类永远不会满足于既有的知识和经验，总喜欢别出心裁，研究出来一点奇怪的新花样。所以，创新应是成功素质的核心。

因此，我们现在很多人都喜欢自己独立的个性，有些人甚至有一些特立独行，而不愿意跟在人家屁股后面人云亦云。面对权威，也愿意自己探索独特的人生途径。所以，新奇的东西是他们的追求，他们能够在生活中敢于冒着生命的危险去索取所要的新奇事物，即使是暂时的失败也无怨无悔。

所以，我们追求新奇的东西，其实是自己要独自创新。而对于那些人们已经咀嚼过的东西，人们不想再为它付出精力。

魔力悄悄话

人们要想有所成就，就要使自己有所创新，能够别出心裁。因为人类成员之间的智商是没有多少差别的，但社会并不能让每一个人都能出人头地。但那些智勇双全的人总会采取标新立异的做法，营造出自己的影响力，从而在历史上留下自己的一页。

二、人要有创新意识

创新意识是人类意识活动中的一种积极而富有成果性的意识,它是形成创造性思维的前提,创造性思维又是创造性活动的指导思想。在人们的社会实践活动中,人们非常重视创新的开发。因此人们经常开展创新意识的培养活动,从而激发了人们进行创造性活动的内在动力。

以前,"超级稻"一直是世界种子专家的梦想,按照当时国际最认为可行的理论是:从水稻形态上改良成大穗、小叶片的超级新株型的水稻。他们为此付出了很多努力,但失败了。

我国袁隆平院士有自己的创新意识,并对当时的理论提出了质疑。最后袁隆平提出水稻有杂交优势的新论点,从而打破了世界性的自花授粉作物育种的禁区,即我国自己的超级稻新株型。它结合了水稻亚种间杂种优势利用。他这一创造性思维迅速地推动了我国水稻杂种事业,使我国的杂交水稻研究和利用一直保持在世界先进水平。结果是,虽然只经历了短短10年,而最早开始研究"超级稻计划"的日本,他们国家的水稻亩产仅在440公斤的水平上徘徊时,中国已接连实现亩产700公斤和800公斤的目标。

不落窠臼、勇于践行的创新意识,使袁隆平院士的杂交水稻一直保持着世界先进水平。1998年,在我国首次对农业科学家品牌评估时,袁隆平的品牌价值达到1000多亿元,成为中国农业第一品牌,也使他成为一个令世界为之震惊的农业科学家。

现在,虽然人类在和大自然抗争的过程中取得了一些胜利,但人类还有很多领域没有发现,还有很多美好的事物没有发明。这些都需要我们人类以创新意识去探索,然后再付诸实践。那些为人类科学事业做出很大成就的人,都具有很强的创新意识,都具有一种勤于探索的精神,这也是成功人士所共有的特质。

总之,人们有了创新意识,才能开始踏入成功的大门,而没有创新意识,成功仍停留在梦想之中。如何才能培养创新意识呢?

1. 要善于发现新的问题:如果一个人在瞬息万变和险象环生的市场经济中寻找到别人还没有发现的机遇,或者找到别人看到也正在利用,但并没有充分利用的机遇,或者找到别人看到过,或也利用过,但以后又放弃利用的各种机遇。这就说明他具备了创新的意识。他只需把这种意识落实到行动中,变为创造性活动就可以了。

2. 对已有的成果进行再创造:如果一个人能捕捉并正确利用已经被别人发现利用的机会中蕴含着一系列的创造行为,而别人还没有发现,这也说明这个人是对这种事物的再创新。付出行动就可以了。

3. 不要迷信权威:当我们有了自己的问题时,特别是对一些权威已经论证过的东西,如果确定自己抱有怀疑时,就不要放过疑点,一探到底。比如:亚里士多德的重力理论被科学家伽利略给推翻了。

4. 遇事多问为什么:要想有创新意识,我们平常要养成勤于思考的习惯,正如巴尔扎克所说:"问号是开辟一切科学的钥匙。"一切成果性的东西都始于人们的疑问,有了疑问就等于有了矛盾,有了矛盾就要想如何解决,解决了,成果就出来了。

魔力悄悄话

任何杰出的人物,都有"两把刷子",这"两把刷子"就是自己独有的创新意识,接着他们把创新意识形成创造性思维。然后他们以积极的行动兑现了这种意识。所以他们脱颖而出了,成了有影响力的人物。

三、毛遂自荐

如果你在一群人整齐划一的步调下,即每个人才能和条件都差不多的情况下,想要脱颖而出,就一定要勇于做那个肯第一个吃螃蟹的人。这样做的结果,往往使事情都能获得成功,毛遂就是一个典型的例子。

在战国时期,秦国大将白起在长平大胜赵国的军队,秦军乘胜追击,一直追到赵国的都城邯郸城下,大军把都城团团围住,赵国处于危急之中。这时,赵王命令春秋四君之一的平原君去楚国请求出兵解围。

平原君把门客一一找来,打算挑选20个文武全才的门客一起去楚国。经过他的再三挑拣,最后还缺1人,这时,有个叫毛遂的门客自我推荐,说:"把我也算进去吧。"

平原君经不住毛遂的再三请求,最后才勉强允许了。

到了楚国后,楚王只会见平原君一个人,他们两个坐在大殿上从早上一直谈到中午,迟迟没有结果。

毛遂终于按捺不住了,于是大步跃上大殿,在远处对着楚王大叫起来:"出动军队的大事,如果没有利,就会有害。如果有利,就会无害。这是简单而明白的道理,为什么迟迟下不了决心呢?"

楚王听了,非常生气,问平原君:"此人是谁?"

平原君说:"他叫毛遂,是我的一个门客。"

楚王大声呵斥:"难道你没有看见我和你的主人在商量吗?还不赶快退下。"

毛遂见楚王如此,不仅不退,反而再跨上大殿几个台阶,手紧握宝剑,说:"在这十步之内,大王的性命在我的手里了。"

楚王顿时吓出了一身冷汗,不敢再呵斥毛遂,毛遂趁机把出兵援助赵国有利可图于楚国的道理,做了精彩的分析。就这样,毛遂的一番话说得楚王心服口服。

几天后,楚、魏等国联合出兵抗秦援赵,秦军被迫撤退了。后来,毛遂被平原君奉为上宾。

这就是毛遂自荐的故事,它为什么会源远流长到现在,对我们现在的人还有很大的启发?就是因为有它自己存在的价值。毛遂的成功就在于自荐,在当时来说,他的举动也是一种很奇怪的行为,在当时社会,他是一个敢第一个吃自荐螃蟹的人。

毛遂自荐的精神确实值得称道,但自荐人的前提是要有真正的本领,在能够确保自己对事情十拿九稳的情况下才能勇于挺身而出。否则,不仅不会解决问题,反而会弄巧成拙、草包露馅,甚至丢掉性命。

在后来的社会中,敢于"毛遂自荐"的人物,东方朔也算得上一个,他就是用自己独特的自荐术打动了汉武帝。

汉武帝刘彻即位以后,大展作为,他贴出榜文:让那些具有贤能的人自荐做官。

不久,就有上千人上书自荐。这些自荐者都以一种简单的上书方式,但大都没有吸引住汉武帝的眼球。

当东方朔的上书呈现在武帝眼前时,汉武帝的眼睛睁得老大,顿时有了一种别样的神采。

《汉书》中记载了上书的一段:

"朔少失父母,为兄嫂所养。十三而学文史之用;十五学剑;十九读孙武兵法……所读共二十二万言;臣勇若孟贲,捷似庆忌,廉如鲍叔,信如尾生,如是,则足以为天子之臣矣!"

汉武帝看完以后,情不自禁地说了一句:"真是有趣得很哪!"当即把东方朔召进皇宫,东方朔的上书成功了。

从中可以看出东方朔的上书,既自信又大胆,敢与前贤相比。我们说话办事何以成功,幽默风趣,思维敏捷,文采出众,通过精彩的自我介绍突显自己的价值与个性,树立一个鲜明的形象,达到与对方的情感沟通与融合。只要得到对方默认,成功就在眼前了。

在当今这个竞争激烈的时代,人人都想着脱颖而出,早出山早得利嘛!如果你是一个"真有两把刷子"的人,而又想自己在其他人还没有显赫之前夺得先机,最有效的方法应该是毛遂自荐了。

如果你确信自己有了一定的能力,而又不愿意老是居人之下,上司不给机遇,怎么办? 那你自己要善于创造机遇。即使我们才高八斗,志如"韩信",但毕竟世上的"萧何"不多,必要的时候,我们也要毛遂自荐一下,说不定你的上司会给你一个大显身手的机会。

当然也不是所有的毛遂自荐都能成功,最起码的是你要有担当那个事物的资格才能去做。特别是这个"荐"的成分要适度,一旦"荐"得过火,也会惹得上司满腔怒火。

魔力悄悄话

一个敢于毛遂自荐的人也要掌握一些沟通技巧,掌管你命运的上司只有认为合情合理,才能接受你的自荐。

四、"神秘"的魅力

对一些事物来说,没有比神秘的特质更能影响公众了。即使是那些普通的事物,它们一旦披上"神秘"的面纱,人们就会倍加珍视和推崇,为什么呢?因为人们所需要的就是那种神秘的感觉。

一般来说,神秘的事物总会给我们留下无穷探索的欲望,我们对它好奇和发痴,有时会使人们魂不守舍,或者为此疯癫。有的人为了它甚至会付出生命。神秘给我们以幻想的美妙,给我们思考,给我们兴奋,还给我们一种思维被折磨得迷茫的快乐。

在此,笔者给读者谈谈 UFO 吧,人类在没有彻底揭开 UFO 的神秘面纱之前,UFO 始终在人们的心目中是一个神秘的话题。只要我们一看到有关 UFO 的报道,我们就为此兴奋,为此痴迷,因为我们人类的特性总是向往神秘的事物,于是很多的 UFO 研究中心成立了,这些研究中心把 UFO 演绎得玄之又玄,所以有关 UFO 的各种虚幻被好奇的人们所津津乐道着。它对今天的人们来说还是一个未知的谜,可见,人们对神秘的迷恋是多么深。当然,随着科学的发展,一旦人们揭开了 UFO 的西洋镜之后,相信各种神秘的传闻便会戛然而止。

古代帝王为了维护自己的权位,让老百姓服从自己的统治,往往会给自己披上一层层神秘的面纱,给自己塑造一个神圣的形象,让老百姓去顶礼膜拜。他们常常把自己比作天子,即上天的儿子,老百姓不能造反,造反就是和上天过不去,就是反天,反天的结果是什么呢?在迷信的封建社会,反天就会遭到天打五雷轰的下场。帝王将自己神化,通过愚化百姓达到自己的长久统治。

神秘,神秘,无尽的神秘,牵引着人们的神经,使人们既害怕,又向往。神秘有无穷的魅力,我们的思想或许被一些自认为神秘的东西占据着,说不定又是另一种幸福。

如果我们要想把一些事物推广到人们的视野中,也不妨披上一层神秘的面纱。或许会有意想不到的效果,正如下面的故事。

在很早的时候,高产而又有着顽强生命力的马铃薯传入了法国,过了很长时间,马铃薯却没有得到推广种植。因为法国的人们对马铃薯存有一种根深蒂固的偏见,医生认为它对人体有害,农场主认为它会耗尽土地的肥力,祖父们则把它称作"鬼苹果"。那时的法国有一个叫帕尔曼的农业专家,经常吃这种被人们称作"鬼苹果"的马铃薯。他以一个农业专家的自信,认为种植这种高产的马铃薯对农业有着极大的意义。为此,他做了相当多的努力,花了很长的时间推广这种"鬼苹果",但都失败了,他没有说服当地存有传统观念的任何人。他知道自己要改变一下方式了。

有一天,帕尔曼幸运地见到了国王路易,他用"做试验"的借口趁此向国王要了一块贫瘠的地皮,好在国王答应了他。

于是,帕尔曼就在这块不被看好的土地上种植了马铃薯,然后请国王派了一支全副武装的卫队进行保护。只是让卫兵白天值守,晚上就撤回去。

如此频繁的举动,吊足了人们的胃口,令当地人感到非常神秘。越是认为神秘的东西,人们愈发地想得到它。地里种植的高产抗病的马铃薯一时被人们视为伊甸园的禁果,每到晚上的时候,人们屡屡光顾,然后将它们移到自家的地里,而且他们还对它精耕细作,几乎天天细心照看,盼望着马铃薯能获得丰收。

后来,偷栽的人越来越多,丰收后的马铃薯的很多优点也逐渐地被人们认识。它迅速推广开来,成了法国最受欢迎的农作物之一,也给法国带来了巨大的经济利益。如果帕尔曼不转变推广的方式,不给马铃薯以一种神秘,法国人则不会改变。神秘具有无限的魅力,神秘虽然如此有效,但也不能滥用,不能以骗人为前提。

魔力悄悄话

神秘有魅力,它的面纱应该披在有价值的事物身上,两者相得益彰。让人们感到有价值,有好的影响。如果是一种毫无价值的事物,即使披上了神秘的面纱,而一旦被揭开之后,受到愚弄的人们就再也不会相信它,甚至会遭到人们的唾弃和反感,反而会认为那是毫无意义的鬼把戏。

五、踏入别人未涉足的领域

俗话说:吃别人嚼过的食物没有味道。同样,走别人走过的路没有意义。所以,我们应该勇于涉足别人未到的领域。说不定会有一些未被发现的宝藏正在等着我们。

如何才能踏入别人未曾发现的领地,这就要求我们去想一些别人所不敢想,做别人未做的事情。一些反思和逆向思路则会让你有这种发现。

在这方面,西班牙的航海家哥伦布深知这个灵验而奇怪的理论:别人越是不可能做成功的事情,真要做起来很可能会顺利一些。

哥伦布在很小的时候,就认为地球是一个球体,为此他总是努力去证明这一点。

而那时的人认为,人类绝对不可能从西方到达富庶的东方,如果从西班牙向西航行的话,不出500海里,就会掉进无尽的深渊。哥伦布当然不相信这个观点。

1485年,他到葡萄牙国王那里去游说:"其实我们从此向西走,走到一定的距离后,也能到达东方,如果你们肯拿出钱来支持我的话,就一定能证明这些事实。"

葡萄牙国王没有答应他,认为他是一个骗子。于是哥伦布又到西班牙国王那里游说,西班牙国王也没有答应他。

哥伦布并没有因此而灰心,尽管后来他接二连三地碰壁,奔波的同时也花掉了他的积蓄。他只好向朋友伸手,但很多朋友把他当作疯子,不阻止、不支持,更不相信他。

最后,哥伦布终于等到了一个机会,西班牙皇后经过哥伦布的一个朋友劝说,答应支持哥伦布去冒险,万一哥伦布这个计划失败,她也就是损失一点小钱。

哥伦布以坚定的毅力和沉着,感染着跟随他的水手们,大家齐心协力地与风浪搏斗，没有多久就迎来了曙光，他们在美洲大陆插上了西班牙的国旗。

虽然哥伦布航海中遇到一些挫折，但他用行动证明了：踏入别人未涉足的领域，事情可能做起来或许更顺利些，他的话在今天看来，对于我们的发展同样有着积极的意义。

有的人认为，生命应该是多姿多彩的，我们每个人都应该有各自不同的生活。一个真正有创造力的人不会重复别人的生活模式，即使看起来是多么富足的生活，我们的人生应该充满着自己的追求，每个人应该以一个开拓者的身份义无反顾地挑战自己的未来。

生活中，有很多人从没有自己的立场，别人怎么说，他们也就跟着人家屁股后面怎么说，当不同的人说着不同立场的话的时候，他们就分不清辩不明了，他们会在不同立场观点之间游移不定。而一旦遇着利益，他们争先恐后，比谁跑得都快。他们对待工作因循守旧，人云亦云，因此不会有大的发展前途，混日子、和稀泥应该是他们的强项。他们的人生也只能是平庸低俗的人生。

每个人的人生应该是千姿百态的，因而构成社会发展的复杂性。那些人生充满传奇色彩的人物，他们个个都很神勇，他们不愿意过那种一天天循环固定的生活，不愿意过那种天天守在办公室，做着单调而又重复的劳动。

他们认为那种看似稳定而没有激情的生活实在没有意义，那样的生活其实只是一天的生活而已，只不过周而复始地重复着罢了，真正有意义的人生应该是充满冒险的人生，应该是去做别人没有做过的事情，尽管看起来困难重重，但他们以苦为乐、乐此不疲。

有一位对禅学很痴迷的朋友对笔者常常谈经论禅，有一次我干脆说他："既然你如此信佛，干脆出家算了。"

这位老兄竟说："要想成为佛，不一定非得做和尚呀！"

我听完，深有感触，由于禅的博大精深，信笃佛学的人也为数不少，就连那贵为天子的皇帝也常以佛爷自称，他们应是不披袈裟的和尚。他们走的是一条和尚们所没有走过的路，他们有的执掌权柄，有的是很开明的统治者，慈悲为怀，不滥杀无辜，公正无私。这难道不是一种作为和对黎民百姓的一种福音与心中的"佛"吗?

如果你想踏入别人未涉足的领域,就应该独辟蹊径,去走那些别人没有走过的路,你肯定会看到别人未曾见到过的美景。

别人没有走过未必就充满着艰难险阻,你走了说不定会有意想不到的收获。如果真是这样,我们何不去尝试一下呢?即使前面有一些险阻,经受风雨的洗礼,品尝跋涉的磨炼,也未必是一件坏事。

魔力悄悄话

勇于踏入那些别人未涉足的领域还有一个最大的好处,就是没有竞争,只要你能克服这块领域的本身环境带来的冲击就基本上算是成功了,因为未涉足的领域没有别人设下的陷阱,也用不着担心别人乘虚而入,你可以优哉而踏实地做事,一直到你所做的事情成功。

第五章
出类拔萃造就影响力

前人给我们留下了太多的遗产和智慧,特别是那些杰出的人物,他们耀眼的光辉时时影响、惠及着我们,我们前赴后继,取其长避其短。一代又一代……我们人与人之间,又有了差别,那些出类拔萃者成了人类的领军人物,后人又沿着他们的足迹,继续向前发展着。

一、才华横溢成就影响力

在绵延几千年的世界历史上,出现过许多才华横溢者,他们如光彩夺目的明珠,处处闪耀着他们的光辉,他们的思想、举动和智慧一直被人们所津津乐道,他们是人类的领跑者和开拓者,他们的智慧和先见之明影响了一代又一代的人。

苏轼作为一个才华横溢的大文豪,名列"唐宋八大家"之一。当时,欧阳修非常赞赏他的文章,据说宋朝皇帝尤其爱读他的文章,甚至读得常常忘了用餐,口中还连声称赞说:"天下奇才!天下奇才!"那时的读书人对苏轼崇拜得不得了,把他的文章作为学习的范本。他们说:"苏文熟,吃羊肉;苏文生,吃菜根。"苏轼诗思敏捷,诗词写得又快又好,他一生留下了四千多首诗词。他宦海沉浮数十年,磨炼成了"猝而加之而不惊,无故加之而不怒"的豁达的心境,真正做到了不以物喜,不以己悲,始终平心处之,这也是对淡泊名利的最好注解。

苏轼才华横溢,诗词、文赋都取得了杰出的成就,此外还擅长书画,在这方面也有很高的造诣。他的诗、词和散文都代表了北宋文学的最高成就,对后世有着深远的影响。

魔力悄悄话

才华可以让一个人由内而外散发出一股迷人的芬芳,从而增加自身的影响力。一个人不管家里背景和自身的条件多好,如果不懂得去学习,提升自己的才华,那么,他也难以立足于大千世界。

二、实力是出类拔萃者的特征

人生靠什么取胜？实力是最好的回答。俗话说："打铁还需自身硬。"只有有实力、有真本事的人才能够拿得起，放得下。走到哪里都能行，哪怕是从头再来，他们才是历史的改写者和创造者。

古往今来的杰出人物何以名垂青史，他们靠的是对人类的贡献，靠的是他们的成就。当我们一提到他们的时候，有关他们的特长和贡献就会浮现在我们的脑海里。他们是以高于一般人的亮点而闻名。一个无所事事、游手好闲的人是不会有实力的，更谈不上影响力了，就好像温室里长不出好的瓜果，只有经历风雨和炙晒的洗礼，才能结出甘甜的瓜果。同样，安逸的生活环境也培育不出优秀的人才。

平民家庭出身的音乐天才贝多芬很早就显露了音乐方面的才能，8岁就开始了登台演出。他长到11岁时，就已经显露了他的超凡实力，被人们誉为莫扎特第二。

1787年4月，贝多芬到了维也纳，并且拜见了当时最著名的音乐家莫扎特。这是他头一次访问维也纳，为他最崇拜的偶像莫扎特演奏。莫扎特见到其貌不扬的贝多芬时，对他评价并不太高，认为这个孩子只是在演奏一首为这种场合练过很久的卖弄技巧的作品，他只是出于礼貌而冷淡地称赞他。贝多芬听了莫扎特的评语非常生气，当即弹奏了一支幻想曲给莫扎特听，并要求莫扎特给他一个主题，然后他在它上面倾注了很多的感情和天赋加以即兴变奏，终于发挥了他的卓越天才。

这使当时闻名遐迩的莫扎特大为震惊，连连点头说："的确名不虚传。"于是他对一些朋友说："注意这位年轻人，"他说道，"有一天全世界都会听到他的曲子的！将来他一定能成为享誉世界的大音乐家。"

不到10年，贝多芬用实力充分印证了莫扎特说的这句话。

贝多芬作为伟大的交响曲作家,在音乐表现上,这位大音乐家几乎涉及当时所有的音乐体裁,大大提高了钢琴的表现力,又使交响曲成为直接反映社会变革的重要音乐形式。贝多芬集古典音乐的大成,同时开辟了浪漫时期音乐的道路,对世界音乐的发展有着举足轻重的作用,被尊称为"乐圣"。贝多芬一生坎坷,他的音乐和人格力量在以后的德国、欧洲和全世界仍然占有不朽的崇高地位。

这些具有深厚实力的著名人物,他们的光华如同日月,如同闪闪发光的金子,任何世俗的障碍都遮挡不住他们的光芒。

对于那些大科学家,如果没有举世闻名的科学贡献,他们根本就不可能进入公众的视野,科学贡献是他们自身的实力,是科学家影响力的根基。其他领域的著名人物也适用于这一法则。

阿尔伯特·爱因斯坦就是一位超级大科学家,他杰出的科学成就使他成为一颗光芒四射、永不熄灭的科学巨星。由于其史无前例和无与伦比的科学贡献,人们对于爱因斯坦总是褒奖有加,爱因斯坦的成就不仅丰硕,而且很多都是一些开创性或革命性的理论,甚至是一些里程碑或划时代的理论。他的理论往往非常高深,大大超越人们的常识,奇特而又玄妙,具有一种强烈的心灵震撼力,理论中的那些复杂的理论细节和数学推理,是普通人所不能企及的,仅有极少量的一部分人能够领悟。

另外,他的社会哲学思想也博大精深,他的人道社会主义、自由民主主义和战斗和平主义思想等,非常切合时代发展的脉搏和社会进化的潮流,很得民心。乃至今天都有其深远的影响。

特别是他的人生哲学更使人们敬佩,他从不把安逸和享受作为生活的目的,他一生过着非常简朴而又快乐的生活。

爱因斯坦还有着独立的人格、仁爱的个性和高洁的人品,他是一位负有很深责任感和科学良知的世界公民。他热爱人类,珍视生命,崇尚理性,为人民主持公道和维护正义。他认为,对社会上的丑恶现象保持沉默就是在谋同犯罪,就是在同情和纵容黑恶势力。他是一位世界公民,完全撇开了国家、民族、阶级和社会地位等狭隘立场和私人偏见,总是从全世界和全人类的角度和视野思考问题并付诸行动。他的超级智慧和仁慈而又伟大的形象已经融入了全世界普通人们的心灵之中,成为人们精神上不可缺少的一部分。

所以，作为一个超级科学家，他的理论深奥而又玄妙，普通人难以理解。作为一位思想家，他的见解也相当深邃，一般人难以参悟。就是这样一位具有非常实力的超人，他在巧妙而不知不觉中走入世界人民的普通生活，成为家喻户晓和具有神圣光环的伟大人物。

另外，还有许多这样的杰出人物，像牛顿和伽利略等等，他们这些有着非凡实力的科学巨人，像一颗颗耀眼的星星，永远闪耀着夺目的光芒，照耀着人类走向永远而又无止境的科技发展之中。

魔力悄悄话

无数的生动事实给我们以启示：一个有影响而又杰出的人，实力是他最强有力的根基。所以人要有实力，有实力才有发言权。只有那些无知的人才四体不勤，五谷不分。无知的人只知道发牢骚或者发脾气，在他们的眼里，别人都是低能儿，这种心态不会使他们有半点长进。所以，只有实力才是出类拔萃者最为显著的特征。

三、做自己情感的统治者

不急不躁、不怨天尤人、不轻易发怒是良好的品质,比焦虑万分的人更容易应付种种困难、解决种种矛盾。一个做事光明磊落、生气蓬勃、令人愉悦的人,处处受欢迎。

企业管理者在生意冷清、存货积压严重、员工不信任、债权人纷纷上门催款的情况下,涵养受到了最大的考验。这时若稍有不快就大发雷霆,会给员工们留下抹不掉的坏印象。如果他仍然不抱怨、不发脾气,和善仁慈,才会真正受到员工们的爱戴,愿意和他一起共渡难关。

沉着冷静、永不气馁,是每一个人应培养的品格。

性格的力量包含两个方面——抑制激情的力量和自制的力量。

它的存在有两个要求——强烈的情感和对情感坚定的掌控。

一个脾气暴躁的人闯入了惠灵顿公爵的书房,他说:"我叫亚玻伦,有人派我来刺杀你。"公爵说:"刺杀我? 真奇怪。"刺客把话重复了一遍:"我是亚玻伦,我一定要杀了你。""一定要在今天吗?""他们倒没有告诉我在哪一天或者什么时候,但是我必须完成任务。"公爵说:"那现在可不方便。我很忙——我有很多信要写。你下次再来吧,我等着你。"说完,他就继续写他的信。公爵的严厉和从容、大度和镇静使刺客大为吃惊,他走出去,再也没有回来。

在宾夕法尼亚州的切斯特,有一个以耐心而出名的店主。有人想考验考验他的耐心。这个人来到店里,一会儿要这种布料,一会儿要那种布料,挑来拣去,看了半打不同款式和颜色的布料,最后磨磨蹭蹭地选了一种,要店主裁成一美分大小。店主不动声色地拿来一枚一美分的硬币,照着硬币的样子心平气和地裁出一小块布,用纸包起来递给了他。而就是这位顾客,接着给了他一笔很大的业务。

自制使人充满自信,也赢得别人的信任。

"不",是孩子们最容易学会的字。却又是成年人最难说出口的。"不"代表生命的尊严和永远的幸福。传统哲学与现代智慧,归根到底就是一个字——面对诱惑,敢说"不"。

亚伯拉罕·林肯刚成年的时候,是一个性急易怒的人。但后来,他学会了自制,成了一个富有同情心、说服力和耐心的人。他曾经对陆军上校福尼说:"我从黑鹰战役开始养成了控制脾气的好习惯,并且一直保持下来,这给了我很大的好处。"

在33岁以前,亚历山大就在伊萨斯、格拉尼卡斯和阿拜拉等处打了胜仗,建立了世界上最庞大的帝国。但是,这位满载荣誉的年轻的希腊英雄却被自己的本能打败了,他于是像白痴一样在巴比伦花天酒地和放荡堕落的生活中死去。其实,那个最不起眼的字"不"就能拯救这个年轻人,然而那个虚妄的借口"只有一次"却带给他彻底的毁灭。

克莱登这样评价英国国会领袖之一汉普登:"他是自己情感的至高统治者。由此,他获得了统治他人的伟大力量。"

有时候,控制激情比燃烧起激情更为重要。

魔力悄悄话

在商人中间,自制能产生信用。银行相信那些能控制自己的人。商人们相信,一个无法控制自己的人既不能管理好自己的事务,也不能管理好别人的事务。他可能在缺乏教育和健康的条件下成功,但绝不可能在没有自制力的情况下成功!

四、善于把闪光点发扬光大

　　每个人都有自己的优点,即每个人都有自己独特的闪光点,闪光点如种子,如果对它辛勤耕耘,总有一天会茁壮成长为参天大树。作为每一个自然人,要善于在自己身上找到闪光点,再用放大镜放大一下,让自己看到希望,然后再努力拼搏。

　　奥地利著名音乐家莫扎特在音乐方面有着惊人的天赋,是举世公认的最伟大的音乐天才。自打幼小的时候,他就对乐曲产生了浓厚的兴趣,一听到音乐就兴奋异常,常常随着音乐的旋律,有节奏地拍着小手。

　　每次莫扎特的姐姐玛丽娅练习钢琴演奏时,作为音乐家和宫廷乐师的父亲总是对玛丽娅精心指导。每当琴声响起时,小莫扎特变得非常乖,不哭不闹,总是静静地聆听着。

　　一天,全家人吃过晚餐,玛丽娅在厨房里帮着母亲洗碗时,小莫扎特就悄悄地坐在钢琴上弹起曲子来。正在喝茶休息的父亲听到琴声后,惊喜地站起来说:"玛丽娅弹得妙极了。"还没有说完,只见玛丽娅从厨房里走出来,正在听着乐曲的父亲感到很惊奇,赶快去弹奏钢琴的房间看个究竟。当父亲轻轻地推开门时,只见小莫扎特正专心致志地弹着曲子呢!从未接受过音乐辅导的儿子竟能弹得如此好,从此莫扎特的父亲开始考虑对他进行音乐教育了。

　　莫扎特的父亲让莫扎特在4岁的时候,就开始弹钢琴和拉小提琴。莫扎特记忆力特别好,很多曲子只听一遍,他就轻松地记下了。有一次,父亲不经意走进莫扎特的房间,看见莫扎特趴在桌上聚精会神地写着东西。他随手拿过一看,原来儿子正在写钢琴协奏曲,而且写得完全合乎标准,这让父亲激动得一下子流出了眼泪。

　　后来,父亲教莫扎特一些难度比较大的作曲练习。在家里,莫扎特不是作曲就是练习弹琴。

1762 年，父亲为了让莫扎特开阔眼界，带他来到了当时欧洲最重要的音乐中心之一的奥地利首都维也纳，被皇帝召进宫廷，他干净利索地弹了几首曲子，令在座的贵族们大惊失色。

从此，少年莫扎特出名了。为了与世界水平接轨，父亲带着莫扎特又到德国、法国、英国等国家演出。每到一处，莫扎特弹奏的音乐都获得了人们的好评。后来，莫扎特越发不可收，在音乐领域好成果一个接一个。他被欧洲人称为"18 世纪的奇迹"，11 岁便能指挥大型歌剧演出。

虽然莫扎特只有短短 35 岁的人生，但他成果迭出，硕果累累。据说，他写了 19 部歌剧，47 部交响曲，27 部钢琴协奏曲，5 部小提琴协奏曲，22 部弦乐四重奏，29 部钢琴奏鸣曲，37 部小提琴奏鸣曲，100 多部其他各类乐曲，给人类的音乐艺术宝库留下了珍贵的财富。

莫扎特的父亲发现了儿子的闪光点，并因材施教，深有卓见地把它发扬光大，为世界音乐留下了宝贵的精神财富。

唐代大诗人李白曾经说过：天生我材必有用。每个人都有自己的长处，只要我们用心，就一定能找到属于自己的一片天地，至于能播种什么，要靠自身的特点来决定。一分耕耘，一分收获。只要我们播种了，付出了，就一定会有自己的好收成。

我们每个人都应该清楚自己的长处所在，并且知道自己如何发挥它，并了解自己不能做什么，这些都是我们人生持续学习的关键。所以，我们要善于发现自己的长处和闪光点，当我们只注重看别人的时候，自己不妨换一个角度，将注意力集中到自己身上，或许我们就会看到自身也有可贵的亮点。这就需要我们平时把握住生活的每一个细节，瞪大眼睛去发现。

如果想脱颖而出，不想永远做一个平庸之辈，对于我们发现的自身优点，一定要勇于充分发扬，当达到了一定程度，别人也会把你的弱点给忽视了，你就会变成一个相对有成就的人。例如，善于绘画的人说不定会成为未来的艺术工作者，甚至是有名的画家；善于唱歌的人说不定将来会成为一位音乐工作者，甚至是著名的歌星……总之，我们要根据自身的特点来最大限度地发挥潜能。就好像学生，其实每个学生都是一座宝库，只要那些做教师的善于发掘，就一定会发现他们的光彩，就能使他们走向知识的殿堂，会使他们的知识逐渐丰富起来。

如何发现自己的亮点呢？对于一个神父或牧师来说，当做一件重要事情的时候,他们必须在事前写下预测的结果,几个月,甚至更长或更短的时间内,他们会将实际结果与预测结果进行比较分析。这样做的目的就是为了使自己很快地明白,他们在哪一方面做得好,他们的长处在哪里,同时,他们也知道了自己不能做或不擅长做的事情。有很多人就把这个规则遵守了几十年,显示出了一个人的长处,其结果对个人发展而言是至关重要的,同时还能知道在哪方面应该改进和提高。当我们在行动时,将自己的长处和打算以及如何克服短处的步骤列出来,并想尽各种办法克服。

俗话说:没有金刚钻,别揽瓷器活。要想成为一个具有金刚钻的人,就一定要勤奋修炼,一般人的智商相差无几,在同等条件下,唯有勤练才能获得真正的本领,也才能达到金刚钻的境界。因为真本领是靠汗水换来的。

魔力悄悄话

我们要勇于发现自己的长处,客观地审视自己,将注意力集中到长处上,并把它充分地发扬光大,这样做可以避免自身的缺陷,将自己纳入正常发展轨道上来。做我们最擅长的工作,它一定会带给我们意想不到的惊喜。因为,我们抓住了自己的长处,由于我们的充分发挥了能力,使我们一步步迈向成功。

五、黑夜掩盖不了夜明珠的光芒

青少年应该明白,生活的道路没有一条是毫无障碍的,沿途总会有一些挫折等着你。同样,人的生命也总是曲折负重的。但出类拔萃的人总能想办法去克服。山即使再高,它也不能遮住太阳的光芒,黑夜即使再黑,它也掩盖不了夜明珠的光华,相反,只能将它们衬托得更加靓丽。卓越的人也是这样,一时的失意和迷茫挡不住其整个人生的光华。

作为一颗"夜明珠",最重要的是要善于发扬自己的优点,保持住"夜明珠"的光华,勇于坚持才是真。

这有如蝶蛹,化蝶是一个痛苦、煎熬的过程,同时又是一个压抑、不断进取的过程,或许它沉浸在苦难中不曾发觉,然而坎坷过后则是彻底的脱胎换骨,是最终以靓丽的躯体飞向蓝天。或许你还处在被埋没之中,但你不要愤慨,还要慢慢修炼,还要忍耐。潮有涨有落,偶尔的搁浅未必是船长的过错,敢于向困难挑战的英雄未必一定次次都胜利,他也有暂时的不成功,只要在忍耐中默默耕耘,光泽总会有被发现的时候。

人们常说:"如果没有失意的人生,就不会有成熟的人生。"这有如金子,它总要发光的,无论它经过多少层层的遮掩,一旦显露的时候,它一定会光彩夺目。一时的失意,对你来说是难以忍受的,通常是一个漫长、考验耐心的过程。当没有遮掩的机遇到来的时候,只要你不是犹豫彷徨,及时抓住稍纵即逝的机遇,必能像雄鹰一样一飞冲天。犹如雄狮一旦苏醒必会震惊山林一样。

作为一个人才,黑夜磨砺是一个人成功的基石,还是锻炼自己的好方法,如果没有黑夜就不会有向往白昼的光明。与其消极,不如积极,昂起头,挺起胸,无限风光在未来。

一个有抱负、有才能的人要想成就一番大业,必须尽快找到自己施展的人生舞台,因为你不可能无限期地等待下去,人的生命毕竟是有限的,有如蜡烛,总有燃尽的那一天。作为一个胸怀大志的人,与其说被动地等着别人来赏识,不如主动地去积累光明,增加亮度,尽早使赏识你的伯乐和知音及时发现和挖掘,让他们认识到你本身所具有的价值,让他们意识到你将照亮整个公司,让他们预测到你可能给企业带来巨大效益。……这样,你才能发出你的光芒,圆你的人生之梦,使你的才华得到施展。

魔力悄悄话

　　木秀于林,风必摧之;沙堤出岸,水必湍之;行高于人,人必非之。我们生活在这个竞争激烈的世界,受到别人的非议和排挤是不可避免的,只要我们不被批评的声浪淹没,只要我们的内心还是一颗明灯,我们总有脱颖而出的时候。

六、打造自己的核心竞争力

很多人之所以失败,是因为他们不清楚自己的强项在哪里,没有自己的核心竞争力,他们常常用自己的短项去跟人家的长项竞争,这样,先把自己立在了弱势地位,又怎么能够使自己脱颖而出呢? 在这个人与人竞争激烈的时代,要想胜出他人,取得自己的成功,必定要有自己的过人之处,所以,成功的关键因素之一是要经营自己的强项,并倾全力经营,将自己的强项发挥到极致——强上加强,这才是通向成功之路的捷径。

而现在又有多少人,在干着自己不愿意干的事情,或在自己的弱项里跋涉徘徊,甚至有的人长时间在黑暗中摸索,久而久之,长项变成了短项,优势也变成了劣势,总没有自己与众不同的地方,不知道自己的长处在哪,人云亦云,就像小猫钓鱼,一会捉蜻蜓,一会捉蝴蝶,从不集中精力到一个强项上,终会一事无成。

也有的人虽然天资平平,但能够勤奋不辍,能够集中思维、坚持不懈地发展自己,到最后取得了令人惊叹的成就。

清朝名臣曾国藩就是一个佐证。据说有一天晚上,少年时的曾国藩在家中读书,他对一篇文章也不知道重复读了多少遍,就是不能背下来,这时有一个小偷悄悄地进入了他的家里,他希望曾国藩早点睡觉,以便自己好行窃。可是小偷左等右等,只听见曾国藩没完没了地一遍遍重复地朗读那一篇文章。这时,小偷勃然大怒,说:"此等水平还配读书?"然后,小偷将文章快速地背完一遍,大摇大摆而去。

俗话说:勤能补拙是良训,一分辛苦一分才。小偷倒是很聪明,肯定至少要比曾国藩聪明,可惜没有用对地方,他只能做贼。最后,曾国藩日积月累,从少到多,奇迹就这样一点一点地创造出来。他在二十多岁中了进士,最终成了清朝最有影响力的人物之一。

人类在大自然面前,同样也遵循"适者生存,不适者淘汰"的法则。这就好像一个国家,要想在国际上有发言权,就必须有自己的撒手锏。我国在 20 世纪 60 年代研制出原子弹就是一个铁证。作为一个企业也是如此,要想在经济飞速发展的今天占有一席之地,就必须具有自己的核心竞争力。同样,人也是这样,要想脱颖而出,就必须具有自己的强项,自己的核心竞争力,这是每个正常人都必须面对的问题。

如果一个人能把自己的精力集中于所专注的事业,长时间地在自己的喜爱和长项上下功夫,总会有大的成果,最后的结局总会令那些自以为是的人目瞪口呆。其实这里面没有什么奥秘可言,关键在于,你把你的长项打造成了具有核心竞争力的力量,这种竞争力是难以被竞争对手效仿的,它是你独有的本领,这是常人难以做到的。

魔力悄悄话

一个人不可能把所有的事情都做好,关键是要拥有属于自己较为独有的核心竞争力,并保持一定的再学习能力,来确保和强化自己的强项向更高的方向发展。尺有所短,寸有所长。每个人都有自己善于做的事情,也都有自己的强项,你如果把你所擅长的强项苦心经营,就会强上加强,就会形成自己的核心竞争力。

第六章
勤奋增长影响力

　　人不管做什么，如果离开了勤奋，一切都无从谈起，也就永远不会成功。因为天上不会掉下馅饼。只有勤奋才能使你成功，才能成就你的影响力。

　　"业精于勤荒于嬉，行成于思毁于随"，唐代文学家韩愈如是说。"历览前贤国与家，成由勤俭败由奢"，唐代诗人李商隐如是说。"勤能补拙是良训，一分辛劳一分才"，数学家华罗庚如是说。"勤奋是一种可以吸引一切美好事物的天然磁石"，罗·伯顿如是说。

一、贵在行动

任何一项事业的成功都离不开用行动去实现,不管你的目标和蓝图是多么远大和美妙,唯独投入行动,才能摘到丰硕的果实,才能成就你的影响力。

人生宏业的实现,首先要确定正确的目标,然后是坚韧不拔地去行动。人生的路无论它有多么长,也不管它有多么短,也无论它有多么曲折,你必须脚踏实地地朝正确方向往前走才行。要一步步走完全程,你才能成功。

有好的想法是走向成功的一半,有正确想法才能够有成就大业的可能。但人生成功的最佳目标不是最宏大的那个,而是最有可能实现的那一个。当然我们拥有新的想法和新的打算,可以使我们的精神生活更加充实。我们也希望在每一个人心里多萌发几颗"目标"的种子,去发现更多的人生可能。人向往美好的事物是很好的,但重要的是要去实现。如果你只始于心动,垂涎于目标的成果,不如自己去行动,你行动得越快,你的成就也就越大,相应地,影响力也就越大。一些人总向往别人的生活,总羡慕人家的拥有,而自己却不去行动。到头来,失望透顶的还是你自己。相反,如果你对目标脚踏实地地去做,以客观和实事求是的态度,认真地去执行,坚守自己的目标不动摇,才有可能获得成功。一分耕耘,一分收获。只要你去做,生活一定不会亏待一个为它付出劳动的人。

一次,一个穿着寒酸的小男孩来到一个繁忙的建筑工地,他看见一个叼着烟斗、派头十足的老板在指挥他的工人。心生羡慕,便鼓起勇气问老板:"我以后怎么样才能像你这样富有?"

老板停下手头的工作,愣了一会,给这个小男孩讲了一个故事。他说:"在深圳,某电子厂有三个工人在一道工序上工作,一次工作的间隙,甲说:'我将来一定要自己做老板。'乙说:'这个臭地方,又脏又累,早出晚归不说,还挣不了几个钱。'丙听了他们的话,什么也没有说,他用空余时间检修着机器,思索着从哪里着手。

一晃几年过去了,甲在工作的间隙仍旧说着:'我自己以后要当老板……'乙则找了一个借口退休了。至于丙,他成了那家公司的大老板,而且,还把公司管理得井井有条,业务蒸蒸日上。"

老板说完,问小男孩:"你听明白我讲的故事了吗? 小家伙,无论做什么都要好好干,只有干事的人才能当上大老板。"

小男孩满脸疑惑,惊奇地望着老板。这时,老板用手指着那些正在架子上干活的工人说:"你看到他们了吗? 他们全是我的工人,有的我还记不住他们的名字,甚至有的根本就没有印象。在他们之中,有一个晒得红红的家伙,就是穿着红色衣服的那个人,他以后肯定会出人头地。"老板接着说:"我很早就注意到了他,他干活总是比别人卖力,每天他都是第一个来到工地上班,下班也是最后一个走。加上他穿得格外醒目的红衬衫,使得他特别出众。我现在就去找他,请他当我的副手……"

大老板之所以成为大老板,因为他意识到成功只能在行动中产生。机遇不留给那些只会说大话而不去努力工作的人。

魔力悄悄话

任何成果都属于那些立即行动的人,因为唯有行动才使你的所思、所想有了意义,有了实现的可能。离开了行动,再美好的蓝图也只是空中楼阁而已。一个人要想出人头地,除了有自己的目标努力工作之外,没有任何捷径可走,你只有扎扎实实地付出了全力,做你想要做的事情,最后的成功会自然地出现在你面前。

二、成功在于积累

俗话说:冰冻三尺非一日之寒。成功也是这样,它其实没有什么秘诀,也没有什么捷径可走,它只是持久努力奋斗的结果而已。只要你坚持不懈地从点滴做起,就一定会到达成功的彼岸。

成功对于我们每个人来说,都是渴求的,尽管成功的标准和要求不一样,但要到达成功就必须付出努力。我国著名数学家华罗庚曾说:天才在于勤奋,聪明在于积累。中华民族五千多年的雄厚历史,积淀出多少优秀人物和辉煌成果,推动着社会一步步走向新的胜利,其中起着最关键作用的是那些杰出人物提出的方法,并以劳动人民付出的实践得到的。

现在我们提倡的是提高素质,素质的提高绝不是一朝一夕的事情,技术和涵养的精深来源于一点一滴的积累,来源于一点一滴的修炼。就好比寺院中的高僧,禅学的精度来自多高的悟性,最重要的还是长年累月的参禅修炼,这样才能从众僧中脱颖而出。我们做任何事情,都需要积累,只要积累到一定程度,才能到达成功的火候。

世界上的每一个人生下来都是一个懵懂无知的婴儿,这时的我们都是站在同一起跑线上,我们以后获得的所有成长和进步,都是在自己的积累中进行,要想成为幸运的宠儿必须要付出自己点滴的努力和辛苦,这一关是对人最大的考验。只有那些拼搏不止、积累到极致的人才有可能成为叱咤风云的人物,他们对我们庞大的人类社会来说,虽然只不过是凤毛麟角,但他们是我们人类社会的领跑者。

我国古人在这方面早就有着崇高的智慧和见解了,古代思想家荀子在《劝学》中这样说:积土成山,风雨兴焉;积水成渊,蛟龙生焉;积善成德,而神明自得,圣心备焉。故不积跬步,无以至千里;不积细流,无以成江海。骐骥一跃,不能十步;驽马十驾,功在不舍。锲而舍之,朽木不折;锲而不舍,金石可镂。意思是说,土积累到一定程度,可以形成高山,风雨就在此兴起;因此,如果路不一步步地走,就不会到达千里之外;不汇集细流,大江大海就无从谈起。骏马跳跃一次,不可能距离太长,但即使劣马拉车走上十天,也能走出很远的路程,它的成功之处在于点滴的积累。有如雕刻木头,如果心态浮躁的话,雕刻一下就放下,即使腐朽的木头也不能刻断;反之,金石也能雕刻成功。

魔力悄悄话

　　成就的取得不是靠侥幸得到的,除非付出你的努力,持续地积累才会成"正果"。水积得多了,蛟龙就在那里成长;人们行善事多了,可以养成良好的德性,就能达到很高的思想境界,就会具有圣人的智慧。

三、天道酬勤是良训

美国作家马修斯说："勤奋工作是我们心灵的修复剂，可以让生理和心理得到补偿。"勤能补拙，很多成功人士都把勤奋当作自己的人生准则，并以此时时遵守，耕耘不辍。

人类之所以有如此高度的物质文明和精神文明，这是与人的勤劳分不开的，要想改造自然、征服自然，每个人必须竭力干好自己的工作，勤奋是人类获得良好生存的保证。作为首富的比尔·盖茨对那些默默无闻的实干家，非常钦佩，哪怕他是从事低级繁重的体力劳动，因为他们活出了做人的尊严。

一个以勤奋为良训的人，他每天都能集中精力到工作上，他不会受到负面生活的影响，是一个坚强而自尊的人。他勤奋的热情和快乐会像春雨一样滋润着周围的人们，人们也会像他那样勤劳而又有生气。

德国铁腕首相俾斯麦把勤奋工作看得贵如生命。晚年时，有很多人向他讨教生活的准则，他认为：生活的全部要义就是工作，一个不工作的人会生活得很无聊，没有目标的人生毫无意义可言。没有一个游手好闲的人会真正地感到生活的快乐。对那些刚参加工作的人来说，最大的希望就是：一直工作着。

即使是一份看似简单而卑微的工作，人们也会从中感受到快乐与幸福。一个阳光下累得汗流浃背、一身泥土的农夫可以在休息的间隙享受绿荫的快意，他还可以轻快地哼着小曲、甩着牛鞭犁地。口渴了，凉水对他来说也是一种甘甜的滋润……这些对农夫来说，都是幸福。卖菜的小贩下班前，数着一天辛勤劳动挣来的钞票，他们又是那么舒心。

英国哲学家约翰·密尔说过："你不论是著名的道德家，还是普通的平民百姓，都要充分衡量自己的能力和外部因素，努力找到自己最喜欢的工作，然后就是勤勤恳恳、全力以赴地做下去。它是生活中永久不变的真理。"

生活是公平的，对于那些懒惰十足的人来说，生活一点也不比常人活得轻松，他们还得为了自己的一日三餐而去奔波，人类历史的功劳簿上不会找到他们的名字，成功的大门对他们是时时关闭着的。勤劳的人们以他们为耻，也绝不会和他们为伍。

"每天早晨起床后，"金斯利说，"不管你喜欢不喜欢，你都得有事可做，强迫自己工作并尽最大努力做好，可以培养自控能力、勤奋、意志力等各种美德。在追求安逸的人那里，是没有这些优点可言的。"

可是，一些惰性很强的人总有习惯定势，他们只对普通人关注的事物有热情，甚至只看到某一事物所带来的成果，而不愿意去付出辛勤的汗水。

古希腊著名的医生加龙说："劳动是天然的保健医生。"一个富有奋斗精神的人，一个沉浸在劳动中的人，他的心中只有自己要做的事，像忧虑、抱怨等不良情绪则不会与他沾边，这样还会使他的身体强壮。

魔力悄悄话

没有一个人只依靠天赋成就一切。天分是上帝给的礼物，如果你不珍惜的话，上帝会从我们身边把它带走，所以，我们应该珍视，要善于用勤奋将天赋变为天才。流自己的汗，吃自己的饭，靠人靠天靠祖宗，不算是好汉。很多人都以此作为自己的座右铭。

四、天才就是努力加勤奋

我们每个人都向往天才,羡慕他们取得的成就。其实不必这样,我们之所以不能成为天才,是因为还没有找到自己最确切的目标,还说明我们下功夫的火候欠佳。古往今来,哪一个天才人物不是经过持之以恒的劳动才换来的呢?

苏联作家高尔基说过:"天才就是劳动,人的天赋就像火花,它既可以熄灭,也可以旺盛地燃烧起来,它成为熊熊烈火的方法只有一个,那就是劳动。"所以,坚持不懈的劳动可以成就一个天才,它虽然是一件苦差事,但却是成功的必经之路,正所谓:不经历风雨,怎能看到彩虹?

人们都想成为天才,都想有一番作为的理想是可贵的,但如果不想流汗,只想轻松地去摘取劳动果实的话,这是不现实的,无异于天方夜谭。一个人如果能够以忘我的精神,勤恳地去做事业,就要以勤奋不断地鞭策自己,与自己的惰性彻底地告别。

曹雪芹为了写巨著《红楼梦》,付出了十年的光阴。为此,他注入了很多心血,正如他所言:"字字看来皆是血,十年辛苦不寻常。"这也算是他对后世一个最郑重的交代,《红楼梦》对文学的影响是深远而无可替代的,很多文学青年对曹雪芹也是崇拜之至。

法国天才作家福楼拜曾经住在一个靠近法国塞纳河畔的别墅里,在那里,福楼拜常常是通宵达旦地奋笔疾书,书桌上的那盏灯彻夜不熄,很多打鱼的渔民都把他书桌上的那盏灯当作"灯塔"。很多渔民船长说:"在这段航线上,要想不迷失方向,就可以福楼拜先生的灯光为目标。"正是福楼拜这种勤奋写作的精神,使他成为闻名于世的作家,其很多作品对后人产生了极大影响。

唐代大诗人李白认为只要勤奋,即使铁杵也能磨成针。伟大的革命导师马克思,为了写作《资本论》花了 40 多年的时间,仔细钻研过的书籍竟有

1000 多种。在写作的过程中,他几乎每天都要跑到图书馆去查阅大量的详细资料,他晚上经常工作到深夜。天长日久,把图书馆的地板都踏出一条沟印。经过勤奋的学习和研究,最后终于完成了具有重要影响的巨著《资本论》。

卡莱尔说:"天才就是无止境的、刻苦勤奋的能力。"

我们都听过"闻鸡起舞"的故事,说的是祖逖小的时候是一个勤奋习剑的少年,半夜里一听到鸡叫,就赶快起来,习武练剑。年复一年,从没间断。终于,他的勤奋刻苦换来回报:他有了统兵打仗的本领,后来被封为将军。

我国著名数学家华罗庚说:"难? 最怕刻苦与顽强,年继年,战果数不完。"很多被认为是天才的科学家在身居恶劣的成长环境中,靠的就是不断地打拼、奋斗才取得了令世人瞩目的成就。

魔力悄悄话

你不妨写下一个"勤"字,印在你的脑子里,写进你的日记中,揩在你的心坎上,落实在你的行动中,让懒惰远离自己,让勤奋永远伴随我们。在此再重复一下爱迪生的话:天才是 1% 的天赋再加上 99% 的汗水。那就让我们以勤奋为帆,去乘风破浪前进吧!

五、埋头苦干

在这个物欲横流的社会环境下,人们似乎比以往变得更加浮躁,做事情总不如以前脚踏实地,往往是把利益和回报放在第一位,从而忽视了埋头苦干的良好品质,很多人甚至认为埋头苦干得不到任何实际的利益,埋头苦干的人是傻瓜一个。

其实,我们的社会少不了埋头苦干的人,特别是人类科技的发展,需要你全副精力披挂上阵,来不得半点的三心二意。

即使是那些具有很大成就的科学家,成名以后,他们把名利看得很淡,勤奋不辍地投入到科学的研究之中,才能登上科学的峰巅。

所以,埋头苦干的人应当受到鼓励和重视,甚至奖励和重用。特别是在一个组织或团体之中更是这样,应该让那些踏实做事的人受到尊敬和奖励。

鲁迅先生说过:"我们自古以来,就有埋头苦干的人,有拼命硬干的人,有为民请命的人,有舍身求法的人……这就是中国的脊梁。"鲁迅先生的意思是,社会的发展和民族的进步少不了埋头苦干的精神,社会的进步应该归功于他们,他们才是社会的栋梁。

只要我们善于观察,你就会发现,在那些脚踏实地、埋头苦干的人身上都存在着一种宝贵的品质,他们执着于目标,不辞劳苦,具有一种老黄牛的奉献精神。

他们绝不见异思迁,这山望着那山高。有实力、爱岗敬业是他们的特征。

他们可能听不到别人的掌声,但他们从不说空话,他们默默耕耘奉献,并能够坚持不懈,一往无前。他们的甜蜜和亮点在工作的汗水里,在实实在在的丰厚成果里。

当然埋头苦干也不是那种低头不看天,而是向着自己的目标持之以恒地一站到底。

一个人如果要想有所成就的话，就必须踏踏实实、埋头苦干地做事。否则，难以脱颖而出。

由此可知，埋头苦干者并不吃亏，而是一种耐得云开雾散的大智慧。

魔力悄悄话

命运不是运气，而是选择；命运不只是思想，最重要的是去做；命运不是名词，而是动词；命运不是放弃，而是掌握。一个人如果想成就自己的事业，留下自己影响的足迹，在确定目标的前提下，就一定要稳扎稳打，埋头苦干。

第七章
个人形象提升影响力

　　生活经验告诉我们，每个人都想追求完美的人生，但很少有人真正去注意自己在社会交往中的形象。这种形象不仅仅是仪容仪表的刻意修饰，更是温文的性格、积极的心态、文雅的修养带给人的影响力。在这个讲求品质、注重包装的时代，"不以貌取人"的观念显然已经有些落伍了，如果能让外观为你的内涵轻松加分，那么何乐而不为呢！

一、好形象是一种潜在资本

古代哲人穆格法说过："良好的形象是美丽的代言人，是我们走向更高阶梯的扶手，是进入爱的神圣殿堂的敲门砖。"

生活经验告诉我们，每个人都想追求完美的人生，但很少有人真正去注意自己在社会交往中的形象。这种形象不仅仅是仪容仪表的刻意修饰，更是温文的性格、积极的心态、文雅的修养带给人的影响力。

在这个讲求品质、注重包装的时代，"不以貌取人"的观念显然已经有些落伍了，如果能让外观为你的内涵轻松加分，那么何乐而不为呢！

尽管形象不能决定一切，但是美好的形象绝对是通向成功的一块开山之石。因此，形象是每一个人应该从现在开始就必须密切关注的问题。有人认为，只要拥有一技之长就可行走江湖。然而在职场中，在专业渐趋细密的分工下，没有人是不可取代的。相比之下，透过专业所反射出的个人职业形象，以及是否能将自己的形象传递到正确的人际脉络中，让人知晓，进而牵引出新的工作机会，往往才是决定一个人职场长期发展的最大推动力。

美国纽约州希腊求斯大学管理学系对《财富》前 1000 个首席执行官的调查，96%的人认为形象在公司雇人方面是极为重要的，尤其是对那些要求可信度高的工作和与人打交道的工作，如市场、销售、金融、律师、会计等。中国某投资银行的老总在谈到服装的重要性时讲道："当我要裁人时，我就先从穿着最差的人开始。"

一个注意形象并自觉保持好形象的人，总能在人群中得到信任，总能在逆境中得到帮助，也必定能在人生的旅途中不断找到发挥才干的机会，最终做到时刻用自己的风采魅力影响别人，活出真正精彩的人生。

诚然，在现代社会频繁的人际交往中，人们首先通过外在形象对对方做一个基本评价：或干练，或精明，或高贵，或卑贱，或富有，或贫穷。所有这些，不仅仅是通过一件服饰或化妆来判断，更是通过它们搭配后形成的整体形象来断定。

　　因此，一个人外在的穿衣打扮十分重要。有时直接影响到社交的成与败。在与他人的交往中，在与人接触时，人们首先看到的也是你的外在打扮，如果你衣着随便，不修边幅，人家可能就不会对你产生好感。在社交中，一个人的风度和气质，主要是靠衣着来烘托。所以，要树立一个良好的外在形象，就要学会适当地包装自己，使众人对你刮目相看，在无形之中增添你的人际吸引力。

　　俗话说："人靠衣服，马靠鞍。"再漂亮的人，如果没有服装的包装，也不会显出他的美来，这就像一个产品一样，需要一个美丽、吸引人的外包装。

　　生活中，我们经常看到这种现象：有的女性，长得并不十分漂亮，而且体型也不十分优美，虽然她穿的衣服并不华丽，而都是一些简单、素雅的衣服，可是在这简单、素雅的装扮中，却能显现出她迷人的超凡脱俗的美丽来。

　　有一家服装公司的总监，是一个很会打扮的人，她的同事和朋友全都十分欣赏她，对她的打扮经常是赞不绝口。可是她并不追赶潮流，不是流行什么就穿什么，而是会选择适合自身特点的衣服来装饰自己。她的衣服从来都是与众不同，总是给人一种新意、一个亮点，让你耳目一新。她也十分重视不同衣服间的搭配。不同的服饰之间，交错地搭配，就会烘托出不同的效果。她走在哪里，都是一道美丽的风景。

　　在美国的一次形象设计的调查中，76%的人根据外表判断他人，60%的人认为外表和服装反映了一个人的社会地位。毫无疑问，服装在视觉上传递着你所属的社会阶层的信息，它也能够帮助人们建立自己的社会地位。在大部分社交场所，你要看起来就属于这个阶层的人，就必须穿得像这个阶层的人。正因如此，很多豪华高贵的国际品牌的服装，虽然价格高得惊人，却不乏出手不眨眼的消费者。人们把优秀的服装与优质的人、不菲的收入、高贵的社会身份、一定的权威、高雅的文化品位等相关联，穿着出色、昂贵、高品质的服装在一定程度上就意味着事业上有卓越的成就。

　　一个人的好形象还体现在其气质上。

　　红顶商人胡雪岩有一次面临生意上的一个很大危机。他在上海新开张的商行遭到当地商人的联合挤兑，不久就波及了大本营杭州。一些大客户生怕胡雪岩垮台，闻风而动，都准备中止和他的生意往来。

这天，胡雪岩从上海回来了，他们悄悄地躲在暗处观看，他们觉得一定会看到胡雪岩灰头土脸的样子。结果他们失望了，他们却看到了一个衣着鲜亮、精神抖擞的胡雪岩。

他们还不放心，又跟踪胡雪岩到他的商行去。他们认为胡雪岩会暂停生意进行整顿。可是，胡雪岩的商行不仅没有关闭，而且他还亲自坐镇，在柜台上悠然自得地喝起茶来。这一下子令他们糊涂了，一个人遭受这么大的打击，还能够如此的镇定从容？最终，胡雪岩的气度征服了他们，他们又对胡雪岩恢复了信心。

其实，当时胡雪岩的处境已是山穷水尽，他就是凭自己那坚如磐石的好形象，才稳住了糟糕的局面。

魔力悄悄话

好形象是提升影响力的潜在资本。迷人的风度总是可以带来额外的影响力，在适合的时刻，展示出优雅的行为举止，让自己成为一个更时尚、更具活力、更有影响力的人，如此，活力与美丽就会同时绽放，智慧与美丽就会一起飞扬。

二、让微笑成为你的习惯

世界上有一种很美丽的语言，它不需要你夸夸其谈，更不需要你画蛇添足去粉饰它，但它却能传递世间最珍贵奇妙的感情，那就是微笑。卡耐基说："微笑，它不花费什么，却创造了许多的成果。它丰富了那些接受的人，而又不使给予的人变得贫瘠。它产生在一刹那间，却给人留下永久的记忆。"微笑是一种宽容、一种接纳，它缩短了彼此的距离，使人与人之间心心相通，化解令人尴尬的僵局，是沟通彼此心灵的渠道，使人产生一种安全感、亲切感、愉快感。

微笑跟贫富、地位、处境没有必然的联系。一个富翁可能整天忧心忡忡，而一个穷人可能心情舒畅；一个处境顺利的人可能会愁眉不展，一个身处逆境的人可能会面带微笑。一个人的情绪受环境的影响，这是很正常的，但你经常苦着脸，一副苦大仇深的样子，对处境并不会有任何的改变，相反，如果微笑着去生活，那就会增加亲和力，别人更乐于跟你交往，你得到的机会也会更多。人生大部分时候都在等待，在等待开往下一站的巴士，在等待属于自己的天空，而在等待机会中，何不微笑一下，也许，下一站就会更精彩。

微笑招人喜爱，且富有魅力。英国诗人雪莱说："微笑，实在是仁爱的象征，快乐的源泉，亲近别人的媒介。有了笑，人类的感情就沟通了。"确实，微笑是沟通彼此心灵的渠道。当你向别人微笑时，实际上就是以巧妙、含蓄的方式告诉他，你喜欢他，你尊重他，这样，你也就容易博得别人的尊重和喜爱，赢得别人的信任。生活中多一些微笑，也就多了一些安详、融洽、和谐与快乐。

面露平和欢愉的微笑，证明你心情愉悦，热爱生活，你的微笑向大家展示了你积极、健康、乐观的魅力。面带自信的微笑，以不屈不挠、勇往直前的姿态与人交往，你会被他人欣然接受，同时收获朋友的信任和赞许；面带真诚友善的微笑，用内心的善良和友好，让对方感受到你待人诚恳、平易近人。

在平凡的工作岗位上保持你灿烂的微笑，创造一种和谐融洽的气氛，让你的服务在微笑的海洋里荡漾，为自己创造一份轻松的心情，为朋友送上一份真挚的祝福。

微笑发自内心，不卑不亢，既不是对弱者的愚弄，也不是对强者的奉承。奉承时的笑容是一种假笑，而面具是不会长久的，一旦有机会，他们便会除下面具露出本来的面目。微笑无法伪装，保持微笑的心态，人生会更加美好。人生中有挫折、有失败、有误解，那是很正常的，要想生活中一片坦途，那么首先就应清除心中的障碍。微笑的实质便是爱，懂得爱的人，一定不会是平庸的人。

生活中总有鲜花和荆棘相伴，生活中总有阳光和风雨同行，生活中有成功与失败，生活中的不如意让我们以微笑而待之，让我们能够轻装上阵，这就是微笑，它是一种无穷的力量，是一种可以创造效益的不可忽视的力量。

学会微笑，带着微笑呼吸清新的空气，带着微笑享受如诗的生活，带着微笑面对每一个日出日落，用那淡淡的微笑去诠释幸福的真谛，用微笑这种独特的方式去保存每个值得记忆的瞬间，慷慨而豪迈地把我们的微笑献给那片纯净的蓝天，留给生命中的分分秒秒，送给所有爱你的人和你爱的人。尽管人生道路上布满荆棘、充满崎岖和坎坷。但只要有微笑，你的心灵就不会在恐惧中迷失方向，只要有微笑，你就能清晰地看到胜利的曙光闪烁在成功的彼岸。顺境中，微笑是对成功的肯定和嘉奖；逆境中，微笑是治疗创伤的妙药。微笑的力量，饱含着对生命的热爱和事业的追求。它似一股甘泉滋润着我们干涸的心田，赐予我们新的憧憬和希望，使我们以昂扬的斗志迈步向前。

魔力悄悄话

微笑是一个友情互动的表情，微笑是一种传导的力量，微笑是一股灵动的勇气，微笑是一个深深的祝福。从今天开始，就请保持你的微笑吧，并让它成为你永久的招牌。

三、幽默会使你更有魅力

在日常生活中,我们会经常碰到许多意想不到的尴尬局面,有些出于自身的错误,有些则是由于他人的过失。但只要注意多一些幽默,尴尬反而会变成意想不到的收获,因为幽默具有极大的诱惑力和亲和力。它不仅可以使人轻松摆脱尴尬,更可以树立自己的形象,增加自己的人格魅力和吸引力。

幽默是一种高级的谈话艺术。一个人格成熟的人常懂得在适当的场合使用恰如其分的幽默,把一些原来很困难的局面转变过来,使冲突在风趣中得到缓和。

幽默是有修养的表现,是一种高雅的风度。幽默,人人喜欢,因为它会给人带来欢乐和幸福;幽默,人人向往,因为它能使人气质非凡、魅力独具。世界上不少著名人士都具有幽默感。邓小平曾对人说:"天塌下来我也不怕,因为有高个子顶着。"陈毅也是一位幽默大师,平时讲话时总是妙语连珠,即使在战火纷飞、身处绝境时仍充满乐观、幽默地写下《梅岭三章》等不朽诗篇。幽默来自良好的心态和乐观的个性,一个具有幽默感的人在与别人的交往过程中更容易获得信任和喜爱。德国作家布拉尔说:"使人发笑的,是滑稽;使人想一想才发笑的,是幽默。"一个具有幽默感的人能从自己不顺心的境遇中发现某些"戏剧性因素",从而使自己达到心理平衡。

幽默是健康生活的营养品,是人际关系中心灵与心灵之间快乐的天使。拥有幽默,就拥有了爱和友谊,凡具有幽默感的人,其所到之处,皆是一片欢乐和融洽气氛,他们偶尔说一句幽默的话,做一个滑稽的动作,往往都能引起人们会心的笑声,这种笑除了给人以哲理的启迪外,还能促进肾上腺素的分泌,加快全身血液循环,使新陈代谢更加旺盛,有延年益寿之功效,"笑一笑,十年少"正是这个道理。

幽默是一种修养、气度和胸怀。这同时是一个社会对人才高素质的要求,是现代文明的呼唤。在日常生活中,人们之所以常常对有幽默感的人刮目相看,就是因为幽默的人常常为人们撑起一片风和日丽的天空,散发着幽雅的文明气息,给人以平和安宁之感。

幽默是智慧的产物。如果把幽默比拟成一个美人,她应该是内涵丰富、艳若桃花、气质如兰的,她应当能给人带来愉悦的享受。她比滑稽更有气质,也更加耐人寻味。幽默者不仅是为了摆脱困境,保护自己。更是为了塑造自我、完善自我。

美国学者特鲁说过:"幽默是一种能力,一种了解并表达幽默的能力;幽默力量是一种艺术,一种运用幽默和幽默感来增进你与他人的关系,并改善你对自己做真诚评价的一种艺术。"

幽默对于每一个人来说都是一种才能,一种财富,一种灵气,一种生命力,一种境界,一种风度,需要有丰富的知识、高尚的思想修养做基础,而知识是幽默的源泉,知识丰富了,幽默就会如泉水一般涌出。我国著名作家老舍先生说:"幽默者的心是热的。"德国诗人歌德说:"幽默只适用于有教养的人,因此并非每个人都能懂得每件幽默作品。"可见,幽默不是人人都适用的,知识肤浅、心胸狭窄、行为粗俗、人格低下者运用幽默,虽然有时也能引人发笑,但那是属于浅薄无知的表白或是庸俗低级的玩笑,绝非诙谐高雅的幽默。

生活中不能没有幽默,没有幽默的人就像没有弹簧的马车,路上每一块石头都会对他造成颠簸,幽默这人生之车的弹簧会帮我们在人生之路上太紧张时松弛一下,太松弛时紧张一下,保佑我们一路平安。有幽默感可以说是有了一份生活的安全保险。

魔力悄悄话

幽默的素质既是天生的,又是可以在学习运用中逐渐培养的。要培养自己的幽默感,首先应加强自身的思想文化修养,要与人为善,注意培养自己的机智、敏锐和乐观主义精神,其次还要多学习诙谐风趣的开玩笑方法,注意领会幽默的本质并加以吸收,使幽默细胞不断增加。总之,不断实践,坦率、豁达地与人交往,幽默感就会渐渐增强。

四、用热情点燃魅力焰火

塞克斯是美国马萨诸塞州詹森公司的一个推销员,凭着高超的推销技艺,他叩开了无数经销商森严壁垒的大门。一次,他路过一家商场,进门后先向店员做了问候,然后就与他们聊起天来。通过闲聊,他了解到这家商场有许多不错的条件,于是想将自己的产品推销给他们,但却遭到了商场经理的严厉拒绝。经理直言不讳地说:"如果进了你们的货,我们是会亏损的。"塞克斯岂肯罢休?他动用了各种技艺试图说服经理,但磨破嘴皮都无济于事,最后只好十分沮丧地离开了。他驾着车在街上溜达了几圈后决定再去商场。当他重新走到商场门口时,商场经理竟满面堆笑地迎上前,不等他辩说,经理马上决定订购一批产品。

塞克斯被这突如其来的喜讯搞蒙了,不知这是为什么,最后商场经理道出了缘由。他告诉塞克斯,一般的推销员到商场来很少与营业员聊天,而塞克斯首先与营业员聊天,并且聊得那么融洽;同时,被他拒绝后又重新回到商场来的推销员,塞克斯是第一位,他的热情感染了经理,为此也征服了经理,对于这样的推销员,经理还有什么理由再拒绝呢?

美国有线电视新闻网著名的脱口秀主持人拉里·金出生于纽约的布鲁克林区,10岁时父亲因心脏病去世,靠着公众救济金长大成人。

从小便向往广播生涯的他,从学校毕业后先是到迈阿密一家电台当管理员,经过一番努力才坐上主播台。

他曾经写了一本有关沟通秘诀的书,书里提到他第一次担任电台主播时的经历。他说,那天如果有人碰巧听到他主持节目时,一定会认为,"这个节目完蛋了"。

那天是星期一,上午8:30,他走进了电台,心情紧张得不得了,于是不断地喝咖啡和开水来润嗓子。

上节目前,老板特地前来为他加油打气,还为他取了个艺名:"叫拉里·金好了,既好念又好记。"

从那一天开始,他得到了一个新的工作、新的节目与新的名字。

节目开始时,他先播放了一段音乐,就在音乐播完,准备开口说话时,喉咙却像是被人割断似的,居然一点声音也发不出来。

结果,他连播了三段音乐,之后仍然一句话也说不出来,这时,他才沮丧地发现:"原来,我还不具备做专业主播的能力,或许我根本就没胆量主持节目。"

这时,老板突然走了进来,对着满脸丧气的拉里·金说:"你要记得,这是个沟通的事业!"

听到老板这么提醒,他再次努力地靠近麦克风,并尽全力开始了他的第一次广播:"早安!这是我第一天上电台,我一直希望能上电台……我已经练习了一个星期……15分钟前他们给了我一个新的名字,刚刚我已经播放了主题音乐……但是,现在的我却口干舌燥,非常紧张。"

拉里·金结结巴巴地一长串说了出来,只见老板不断地开门提示他:"这是项沟通的事业啊!"

终于能开口说话的他,信心似乎也被唤回来了。这天,他终于实现了梦想,也成功地实现了梦想!那就是他广播生涯的开始,从此以后,他不再紧张了,因为第一次广播经验告诉他,只要能说出心里的话,人们就会感到他的真诚与热情。

对拉里·金来说,广播不只是一项沟通的事业,更是充实他精彩人生的第一要素。所以,他一直告诉后来者:"投入你的感情,表现出你对生活的热情,让人们能够真正地体验享受你的真实感受。然后,你就会得到你想要的回报。"

这不仅是拉里·金在奋斗的道路上所体悟出来的成功秘诀,也是每个希望成功经营自己事业的有心人最为有用的成功指引。

是的,热情之于事业,就像火柴之于汽油,一桶再纯的汽油,如果没有一根小小的火柴将它点燃,无论汽油的质量怎么好,也不会发出半点光、放出一丝热。而热情就像火柴,它能把你拥有的多项能力和优势充分地发挥出来,给你的事业带来无穷的动力。热情的人能更快、更好地做出成绩。

美国的《管理世界》杂志曾进行过一项测验,他们采访了两组人,第一组是事业有成的人事经理和高级管理人员,第二组是商业学校的优秀学生。他们询问这两组人,什么东西最能帮助一个人获得成功,两组人的共同回答是"热情"。促使一个人成功的因素很多,而居于首位的就是热情,一个人、一个团队只要有热情,其结果必然是积极的行动,最后必会获得成功和幸福。

同样,在你的人际交往中,释放出你的热情,它便会形成一股不可抗拒的力量,而这股力量也必将感染周围所有的人。这就是热情的影响力。

相反,没有热情的人,就好像没有发条的手表一样缺乏动力。一位神学教授说:"成功、效率和能力的一项绝对必要条件就是热情。"黑格尔也说:"没有热情,你在公众中的良好形象永远只能是空谈。"

魔力悄悄话

热爱自己工作和生活的人,在他的人生中,就能用热情点亮魅力的焰火。同时,热情也可以驱动一个人影响力的发展,凭借着这股巨大的能量,他的人生会变得更加精彩。因此,无论是学习中还是在人际交往中,请努力地释放你的热情,用热情点亮你的魅力焰火,你必将会收获意想不到的惊喜。

第八章
心态决定影响力

　　具有积极心态的人能够用自己的影响力感染周围的人，使他们受到鼓舞。自己的优势往往能得以充分发挥，从而为自己博取更大的成功，好心态直接决定了一个人的影响力，一个具有良好心态的人能够有效地影响到自己的下级、上级和周围的同事，可以调动对方的积极情绪，从而成就自己。

一、自卑等于慢性自杀

自卑犹如一副沉重的枷锁，束缚着你的行动，撕扯着你的自信，令人踟蹰不前。折磨得你身心俱疲、奄奄一息，生命如将要熄灭的蜡烛，没有一点生气。

在我们的社会生活中，我们总是谴责那些自高自大的人，因为他们自命不凡、妄自尊大、目空一切，结果是害人害己。骄傲固然不好，但自卑也绝不是一件好事情，自卑的人认为自己处处不如别人，习惯用放大镜放大自己的缺陷和不足，总感觉自己不如别人，总感觉自己在别人的面前抬不起头来。

自卑对自己的恶劣影响，会使你自己感觉身上背了一个沉重的包袱，会让你沉重而无奈地走下去，特别是你有自己的选择的时候，自卑会毫不留情地抹杀你的英雄气概，让你至少在做事的起点上，要比别人慢半拍。碰到障碍的时候，可能会唉声叹气，甚至一蹶不振，从而否定自己的一切。还会掉进自责的心理陷阱，因此，机会从身边悄悄走掉了，本来轻松快乐的生活使你感到既痛苦又难受。根源就在于自卑牵着你的鼻子走，自卑主宰了你的生活。

有的人认为自己相貌平平，有的人认为自己有某种见不得人的生理缺陷，然而生活中不会有十全十美的人呀！即使是我国古代的四大美人也都有自己的缺点：据说，西施长了一对大脚，所以她总穿裙子遮盖它；王昭君长了一副斜肩膀，所以她总喜欢穿斗篷；貂蝉长了一对小耳朵，所以常戴一对大大的耳环以掩饰；杨贵妃天生有难闻的狐臭，所以她常用花瓣洗浴自己。况且前人有智言在先，说人不可貌相，海水不可斗量。所以，我们没有必要总是盯住自己的缺陷不放，而和自己过不去，我们应该能做的就是要向积极的方面发展。

一些心理医生认为，自卑感严重的病人，他们总是自怨自艾、悲观失望，当然有时也不免妄自尊大。自卑的人看似平静的心绪，其实他们的心理剧烈地活动着，自卑犹如一条毒蛇一般使他们自己永远耿耿于怀，永远陷入自我设定的漩涡中不可自拔。严重的甚至会有自杀的不良心理倾向。

其实,自卑的人不必以为自己什么都不行,自卑者应该去保持一个真实的自我,应该自信地去追求自己的生活,应该发挥自己的影响力。你心目中的那些成功者也没有什么特别之处,他们也有着自己的不足和弱点,同样是人,他们能获得成功,当然你也能行。

首先,你要对自己有一个清醒的认识,是什么东西绊住了你前进的脚步,或许是一次曾经失败的经历,或许是一次惨痛的人生教训,或许是自身某种缺陷。总以为自己是生活中的悲剧人物,一直倍受折磨。如果是这样的话,你的表现将永远是一个失败者的面目。心理上你已经彻底失败了,试想一下,一个总认为自己不如人的人,又怎么能去战胜别人,又怎么能去实现自己的腾飞。自卑不但埋没了自身的潜力,束缚你的思想和行动,久而久之,犹如一支将要熄灭的蜡烛,能量转瞬即逝。

其次,你要打破自己对自己的盖棺定论,有的人由于对自己要求不高,就好像一个人,他本来可以背负 200 斤的货物,但他总以为自己可以背负 100 斤的货物,刚超过 100 斤的时候,他就会产生心理的重负,累死了。这时你要重新改写自己的重负,适当地加重一些负荷,多为自己鼓鼓气,大踏步地往前走下去。

魔力悄悄话

自卑的你在生活中会处处受限,处处烦恼,无异于自杀。如果你要摆脱自卑心理对你的"纠缠",最好使自己有事情可做,不妨让自己忙碌起来,扬长避短,多借鉴一下名人成功的故事,使自己在劳动中证实自己的不凡和自信。

二、要有坚强的毅力

顽强的毅力可以征服世界上任何一座山峰。

1884 年的一天，正在品尝水果的美国前总统格兰特突然感到咽部一阵剧烈的疼痛，一连几个星期都是如此：有时猛然感到咽部阵痛。经过费城外科名医达科斯塔的仔细诊断，发现这位总统的舌头长有息肉，将军出身的总统并没有被病魔吓倒，但几个月过后，他的病情变得越来越严重了。

于是，格兰特的妻子请来了纽约著名的五官科医生约翰·道格拉斯，他同时又是格兰特的故友，道格拉斯详细诊断出格兰特咽部的息肉为癌组织。

格兰特以坚强的毅力与病魔进行殊死博斗，即使在病危中，这位前总统也不忘为医药事业做贡献，他常常忍着剧痛，协同医生观察可卡因的临床效果，他给医生提供以下的药品作用："如果适量用可卡因，能奇迹般地缓解疼痛，药效作用部位周围慢慢失去知觉，有些麻痹不适，但不会感到疼痛，正常无病部位没有不适的感觉，但这些部位如果活动起来则会使病变部位产生疼痛。自己总感觉用药次数过多，结论是最好要到疼痛难忍时再用药，我要限制用药，这似乎不容易做到。"

几乎同时，又一条非常不幸的消息传来，格兰特投资的一家公司破产了，他看病和家庭都需要不小的开支，他彻底陷入了债务危机之中。

著名作家马克·吐温知道了这个事情后，鼓励格兰特写回忆录，以解决财务危机。

此后，这位随时都可能去世的前总统除了与病魔抗争外，又增加了一项新的任务——写回忆录，每次注射完可卡因，他就坚持写他的回忆录，有时自己亲自动笔写，有时不能手写的时候就口述请别人写，每次都要写上很多页。

就这样，他经常忍着剧痛，凭着非凡的毅力，不屈不挠地撰写着他的回忆录。就在去世前的几天，饱含着他的毅力和生命的第二卷回忆录交付印刷了。

后人称赞说："这套回忆录，不仅给后世留下了丰厚的精神财富，而且还使人们看到格兰特总统最坚强的品质，这是值得后世人们学习的。"

成功人物的路都是靠自己走出来的，他们在没有享受自己的成果之前，所经受的磨难比普通人总要大得多，最重要的是，成功的人能够咬紧牙关，能够挺得住。这靠的是什么？当然是坚强的毅力。

既然成功的道路都是人走出来的，只要你不怕摔跟头，不害怕挫折，而又有毅力，前面总会有一条宽阔的大路在等着你。在你没有成功之前，你的人生道路可能是污水横流、泥泞不堪，也可能是曲曲折折，这时，你要以坚韧的精神顶住磨难，要以顽强的毅力攀登前进。经受的磨难越多，后面的成果就越丰富，只要你有执着的心态和持之以恒的行动。

大凡成功的路都是历经艰险走过来的，道理可能很简单，但真要做到坚持不辍，也并非易事。这就要靠一种超然的自信和毅力，处于劣势，而不退却；处于逆境，而不放弃。这样，不断地磨炼自己，使自己愈挫愈坚，永不言弃。

有一些人就有着非凡的坚韧毅力，大家都知道毒品的危害，一旦染上毒瘾，就难以戒掉；一个吸毒成瘾者如果戒除了生理性的毒瘾，还有复吸的可能，世界上真正能戒掉毒瘾的人几乎是凤毛麟角。但也不是没有特例，张学良将军就曾经是一个经常吸食鸦片的人，为了戒掉毒瘾，他闭门谢客，还给自己写了一个"陋习好改志为鉴，顽症难治心作医"的条幅挂在眼前，最后凭着坚强的毅力戒掉了毒瘾。这是一般人所做不到的。国外也有这样的真实例子，笔者在此不再一一列举。

人人都有上进心，人人都想着自己有所进步，人人也都想着为此而付出汗水，人人也都想做一个坚忍不拔的人，这是一个好的心态，也是一种人人皆向往的心态。但是曾经的豪言壮语，一旦遇到挫折和失败，有的人可能把坚强的毅力忘得一干二净。能够真正做到有坚韧的毅力的人还是少数，他们的可贵之处在于，他们遇到挫败不会气馁，成功的愿望鞭策着他们不断向前奋进，失败了也能愈挫愈勇，再接再厉。

在这方面,古今中外的名人早已给我们树立了榜样。我国大文学家梁启超先生曾经说:"有毅力者成,反是者败。"清朝郑板桥有诗云:"咬定青山不放松,立根原在破岩中。千磨万击还坚劲,任尔东西南北风。"这两个人物堪称大家,他们的智慧不用说大家也知道。他们的深刻体会是:坚强的毅力可以助人扭转败局、化险为夷,还可以教人从受挫中奋起,只要心火不熄,志气不灭,你就一定可以到达理想的彼岸。

人因为有了征服的欲望,才去攀登,才去执着追求,才有到达顶峰时的博大和伟岸。

魔力悄悄话

人生的道路总是充满了艰辛,只要你有坚强的毅力,拼搏不止,总有你期待的灿烂的一天。生活中不可能一帆风顺,在开拓人生路时,总有困扰。这其实不可怕,最重要的是要把困境看作是习以为常的事,即使面对长期的艰难困苦,也不要惧怕,如果能鼓起勇气,奋发图强,持之以恒,就一定可以凭着顽强的毅力去克服一切困难。

三、忍是一种力量

高祖之所以胜，项籍之所以败，在能忍与不能忍之间而已。项籍不能忍，是以百战百胜而轻其锋；高祖忍之，养其全锋而待其弊。

忍的好处多多，有人说它是一种心法，是一种涵养，是一种美德，是一种顾全大局的果敢。我认为忍是积蓄力量的曲折过程，是以静制动和后发制人的策略。一个忍耐的人必是一个完善自我、以德服人的人。有时忍是一种让步，就好像刘邦去赴项羽的鸿门宴那样。力量弱小的你必须忍耐，如果你度过了这一段韬光养晦的日子，东山再起的一定是你。勾践以小忍的代价，灭掉了吴国。韩信能忍"胯下之辱"，使他成为汉朝大将，并使他彪炳千秋。

具有几千年历史的中国，忍对国人的影响可以说是深刻之至，不管你是什么身份，无忍不成事，无忍生坏事。当下，很多的青年人认为，"枪杆子里面出政权"，一遇到自己不顺心的事情，就私下解决，大打出手，结果是伤了人，害了己，甚至是身陷危难。其实，本来没有什么大不了的事，由于难以忍下一口气，结果酿成悲剧。

不论你是什么身份的人，你必须忍受住现实的残酷，必须忍受住逆境的煎熬。只有忍，才能使我们充满包容的力量，才能到达真理的崇高境界。

一个处于忍耐中的人，刚开始的时候，忍有如药，苦涩无味，当随着时间的增长，这种苦有了效果，心灵得到了升华，它变成了一种异样的好处，久而久之，苦有如一股力量，会使得人生发生质的变化。

很多人都认为，人生在于奋斗。要奋斗就会有得失，只有那些不惧怕失败的人才有忍耐过人的宽容胸怀。它是一种度量，是深刻而有力的修养，更是一种雄才大略的力量。它也是一种以守为攻的计策。

要想做一个善于忍耐的人并非易事，我们有时总会在无意中伤害了别人，连累了自己。古人云："忍得一时之气，免得百日之忧。"在你羽翼尚未丰满的时候，对于受到的不公平待遇，你要善于忍耐，只要你能忍受住，在忍耐中奋进,以后东山再起的一定是你。否则,大祸临头的也必然是你。羽翼丰满的时候,更需要忍耐,曾国藩深谙此道,于是有了他的"打脱牙和血吞,有苦从不说出,徐图自强"的处世要诀。

魔力悄悄话

忍耐能在必要的时候保护自己,忍耐能成就大事业,忍耐是一种大智大勇的策略,一个人如果能够容忍专横不平,忍常人不能忍,终必能成一般人所难成的大事。因此,忍者无敌,忍是助你成功的另一种力量。

四、信念是牵引命运的绳索

信念对我们的人生来说是十分重要的,当我们身陷挫折的沼泽之中时,心中的信念使我们坚持不懈,助我们克服一个个障碍;当我们在前进的路途中气馁时,信念给了我们勇气;当我们人生失意时,又是信念唤醒了我们的激情,直至最后的成功。因此,谁牢牢抓住了信念,谁就相当于抓住了命运的绳索,只要你不松手,命运之神终会垂青你的。

以前,美国的黑人由于长期受白人歧视,又由于种族隔离政策的影响。他们的社会地位一直很低,当时很少有黑人进入高层政界。而罗杰·罗尔斯却是个例外,他成了第一位担任美国纽约州的黑人州长。

罗杰·罗尔斯小时候出生在一个环境恶劣的贫民窟里,那是一个充满暴力和偷渡猖獗的地方,四面八方无家可归者聚集在这里。

他就读的学校条件很差,学生素质低劣,打架斗殴和逃课是学生们的家常便饭。20世纪60年代,皮尔·保罗担任了这所小学的校长,看到学生们的顽劣表现,直皱眉头。他想出了很多办法来引导和感化他们,但都没有达到预期的效果。后来他注意到学生们有一个特点:他们都很迷信。他的眼前一亮,他便用这个方法来鼓励学生学习进步。于是他开始给他的学生们看手相占卜未来。

一次,罗杰·罗尔斯当着皮尔·保罗的面从窗台上跳下来,大大咧咧地把脏兮兮的小手伸向皮尔·保罗,皮尔校长说:"我一眼就可以看出来,你以后将是纽约州的州长。因为你修长的拇指预示着将来要主政。"

当时,皮尔校长的话让年幼的罗尔斯很吃惊,从小以来,只有一次是他的奶奶说他以后可以成为小船的船长,奶奶的话曾让他兴奋了很久。而这一次学校校长竟说他可以成为纽约州的州长,他从来没有这样想过,他的心里牢牢地记下了这句话。从校长说出那句话的时候算起,纽约州长就成了罗尔斯的人生目标,他认为州长应该是具有绅士风度的,于是他的衣服开始变得干净整齐,嘴里的话开始变得文明起来,在此后的几十年中,他时时处处以一个州长的身份要求自己。坚守信念数十年的他,最后终于换来了他想要的回报:在他51岁时,他成了一名州长。

在发表州长就职演说时,罗尔斯说,皮尔校长的一句话成了自己当州长的信念,树立了他为人民谋福利的崇高理想。对于我们来说,有时甚至一个善意的欺骗,如果你都坚持不懈地执行下来,它终会有实现的那一天。

罗尔斯抓住了牵引命运的绳索,使他最后成了第一位黑人州长。

对于信念,人人都知道它,它没有什么深刻的哲理,它只是一种明确的人生目标。人无论做什么,首先是要相信自己,相信必能达到所期望的目标。如果你对前进的目标产生无端的怀疑,那就不叫信念。信念是一以贯之的坚定心态,信念是牵引命运的绳索,重要的是你一定要牵住命运的绳索,一旦你松开命运的绳索,你就会变得无所适从,相反,只要你握住命运的绳索,无论经历多大的困难,你总会有成功的那一天。

罗曼·罗兰曾说:"人生最可怕的敌人就是没有坚强的信念。"坚强的信念不是生来就有的,它总是存在于信念向现实逼近的坚持中,信念的坚持主要是靠你自己,任何人都不可能把信念放在你的心中。

人生苦短,要想发挥自己的影响力,要想成就自己,就必须拥有自己的信念,唯有信念才能使你毫无迟疑地走到底。唯有信念才使你看到希望,才能鼓励着你披荆斩棘,奔向成功。巴甫洛夫曾宣称:"如果我坚持什么,就是用炮也不能打倒我。"高尔基指出:"只有满怀信念的人,才能在任何地方都把信念沉浸在生活中并实现自己的意志。"

因此,只要我们坚守自己的信念,信念往往会带给我们所需要的东西,一个人无论他的条件如何优秀,只要松开命运的绳索,都会变得无所适从。

在人生的旅途中,信念是必须具备的,一个人必须相信自己,相信自己所坚持的目标。美国前总统里根说:"创业者若抱着无比的信念,就可以缔造一个美好的未来。"美国著名的解剖学、心理学教授威廉·詹姆斯说:"不可畏惧人生,要相信人生是有价值的。这样才会拥有值得我们活下去的人生。"

信念对一个人来说,是绝对公平的,每个人的信念都掌握在自己的手中,任何人都可以唾手而得,而且还不会花费你一分钱。那些成功的人深谙此道,他们的成功都是从一个个小小的信念开始的,信念是奇迹的开拓者。

　　一个人如果有了信念,他即使遭遇挫折和不幸,也能坚定生活的步伐,浑身充满前进的力量;一个人一旦有了信念,会在他的心中燃起一团不达成功永不熄灭的火焰,支撑着他对目标的不断追求。有人甚至将信念看成是生命,生活中正因为有了信念,才感到苦中也有甜,而破罐子破摔的人,懦弱自卑,无异于行尸走肉。信念让我们有了很强的方向感,人生有目标固然可贵,如果没有信念会让我们无法认识行动的意义,会让我们在对目标执着追求的过程中充满困惑。而有了信念会让我们向着目标踏实地向前攀登前进,会让我们有一种师出有名的激情。

魔力悄悄话

　　信念犹如闪电,当阴云蔽日之时,指给你奔向光明的前程;信念好比葛藤,当你向险峰攀登时,引你拾级而上;信念就像金钥匙,当你置身生活的迷宫,助你撷取人生的桂冠。

五、宁静的境界是高远

人类是辛勤的,为了各自的目标,时时奔波忙碌着。忙碌,忙碌,无尽的忙碌,但人的承受力是有一定限度的,一旦超出了自己所能承受的限度,就会烦躁不安,就会忙中出错,就会导致一系列的问题。那些长期处在亚健康状态的人们不就是这样吗?

所以人的心灵有时也需要宁静的积淀。即使是广阔的大海,它并非总是涛声阵阵,激流拍岸。它有时也静若淑女,静谧而和谐,平若镜子。这和我们的人生一样。

现在的社会,我们有着如此丰裕的物质和精神生活,开着小车,躺在宽敞舒适的卧室,吃穿玉食锦衣。

然而仍有很多人并不因此而快乐,究其原因,主要是他们没有一种宁静的心态积淀,他们一天天为了自己滋生的欲望而奔波忙碌,使自己的心总处于一种过高目标的期望之中,所以他们总体会不到生活的美好,感觉不到生活的幸福。

我们从繁杂的生活中都有深刻的体会,如果没有对物质的贪欲,就能保持着一种良好的肌体,健康的精神状态。

保持一种宁静的心灵,则会使自己的期望值放低一点,心胸更宽广一些,就会把得失看得淡然一些。得不骄,失也不怒。这本身就包含一种愉快的因素在里面了。

其实,宁静并非逃避,宁静是繁忙之后的清醒,清醒则可以使我们的目标更为明确,精力更加充沛,也可以这样说,享受宁静是我们暂时的心灵修补,享受宁静是我们心灵的加油站。

我国古代一些著名人物对宁静有着很高的智慧,陶渊明为此可以"采菊东篱下,悠然见南山",使他尽享田园之乐。诸葛亮为此可以"淡泊明志,宁静致远",诸葛亮此举使刘备三顾茅庐。李白可以为此"举杯邀明月""人生在世不称意,明朝散发弄扁舟",这一举动,把自己三番五次成功地推销给了唐朝皇帝。

笔者有一好友,此君常常喜欢在周末的晚上邀笔者去品茗,茶室里有琴瑟,有竹有画有墨,一切的摆设都散发出一股浓郁的古香气息,在茶室舒缓音乐的熏陶下,喝一口清茶,茶香入口,周身感觉有一股陶醉之意,通体舒泰。

仿佛人世间的一切功名利禄显得那么俗气。在这里独享一份自在和恬适。这时我想,一个被称作君子的人,他的内心一定是通过宁静沉淀出来的修养,以清淡寡欲笃行自己的远大志向。我想这也是密友邀我来茶室的目的吧。

宁静,并非是心里真的什么也没有想,而是在这清幽优雅的环境中,给了我们集中精力去用心思考人生的一切。而一个内心充满浮躁的人很难细细分辨忙碌的是非,很难对自己的志向做出正确的判断。殚精竭虑,心智丧失,却很难实现目标,那样的结局只有两个字:失败。

在这个处处压力、处处竞争、处处有机遇的社会,我们如果不能以正确的心态去对待这一切的话,就难以宁静的心境去应对,我们一定会疲于奔命,陷于其中不可自拔,最后心力交瘁、伤心失望的还是自己。

萨特在剧本《苍蝇》中说:"神与国王都有痛苦的秘密,那就是——人类是自由的。"我们在辛劳奋斗的间隙,不妨远离眼前的纷繁芜杂,放下大脑紧张的束缚,留给自己一份静谧,只有这样,才能更加清楚地认识自己,才能更加理智地对待人生的一切。

如果我们有一天生活中没有了美酒,但我们并不一定没有豪情;如果有一天我们的生活中没有了休息的居室,我们并不一定没有归宿,广阔的大自然是我们最理想的栖息之地;如果有一天我们都变得沙哑无言,我们并不因此不能交流,至少我们还有心灵的相通。所有的这一切,我们可以用宁静来回答,我们安静地行进,我们安静地思索,我们安静地做梦,我们安静地体味人生的一切。这样,我们以超然的心情,得失于我如浮云。那样才能使我们参透生命的本质,从而修炼成正果。

古今中外,很多名人雅士以平静沉着、生活简朴展现自己高尚的情趣,他们万籁俱寂的心境,使他们专心致志,独享一片幽寂。莎士比亚曾说:"河床愈深,水面愈平静。"歌德也说:"天才在寂静中形成,在人生的激流中形成特性。"从而成就他们自己的志向。

宁静可以致远,是大部分人的深切体会。但也有一部分人曲解为老子的"清静""无为"的思想,这是不正确的,大家都知道"磨刀不误砍柴工"的道理,我们处在这个百业俱兴、琳琅满目的社会里,处处都有吸引眼球的诱惑,我们能够静下心来,喝一杯清茶,下一盘棋也变成了一种奢望。

魔力悄悄话

"定而后能静,静而后能安,安而后能虑,虑而后能得。"我们时时备战的心态需要休息,我们每个人如果在繁忙的间隙,去进行"宁静"一番,以确保自己处于更佳的挑战生活的心态,使自己活得轻松一些,这难道不也是一种愉快,一种致远吗?

六、乐观战胜一切

在我们的人生中不可能不会遇到一些挫折和苦难,这是在所难免的,但只要我们能够常常保持一种积极乐观的心态,以微笑来迎接人生的一切,那么,风雨的背后一定会是绚丽的彩虹和朗朗的晴天。

人的一生,就像一次旅行,沿途既有数不尽的坎坷泥泞,也有看不完的风景。我们既要坦然地享受幸福、快乐、希望、阳光……也要学会坦然地面对忧愁、绝望、不幸、黑暗……

一般来说,在面对人生精彩的一面时,我们都能以微笑迎接,可是当我们面对人生那些不可避免的哀愁时,我们同样也要以微笑迎接。

以前,希腊有一个大政治家叫狄摩西尼。天生的不幸,使他的齿唇上留有缺陷,说话含糊不清,难与人沟通交流,这令他很苦恼。为了纠正自己的这个毛病,狄摩西尼找来一块小鹅卵石含在嘴里练习说话。有时跑到海边,有时跑到山上,尽量放开喉咙背诵诗文,练习一口气念几个句子。长时间的练习,石子磨破了他的牙龈,每次都弄得满嘴是血。血染红了他嘴里的那块石头。但这些困难并没有使他放弃练习,一直练到口齿流利,能侃侃而谈为止。

我想狄摩西尼的故事之所以感人,是因为他在用意志与躯体抗争,用美好的愿望与不幸的缺陷抗争……其实,幸福和悲哀仅有一墙之隔,作为我们来说,总希望自己奔向幸福的一边,但生活是可以转化的,有时我们不可避免地走在了悲哀的路上,这时,我们的意识总会萌生出一些美好的愿望,我们不妨循着这条美丽的线索,去寻找自己的春天。但可能有自身的负面情绪和缺陷束缚着我们通往愿望的脚步。通常,我们总会在自己的内心较量一番。

而较量的结果大概只有这样两种:一种是行动伴着愿望一起走,一种是美好的愿望枯萎在束缚的泥潭里。

有两个姑娘,她们一个叫艾美,是美国人;另一个叫希茜,是英国人。她们聪明、美貌,但都有残疾。

艾美出生时两腿没有腓骨。一岁时,她的父母做出了充满勇气但备受争议的决定:截去艾美的膝盖以下部位。艾美一直在父母怀抱和轮椅中生活。后来,她装上了假肢,凭着惊人的毅力,能跑,能跳舞和滑冰。她经常在女子学校和残疾人会议上演讲,还做模特,频频成为时装杂志的封面女郎。

与艾美不同的是,希茜并非天生残废。她曾参加英国《每日镜报》的"梦幻女郎"选美,一举夺冠。1990年她赴南斯拉夫旅游,决定侨居异国。当地内战期间,她帮助设立难民营,并用做模特赚来的钱设立希茜基金,帮助因战争致残的儿童和孤儿。1993年8月,在伦敦她不幸被一辆警车撞倒,造成肋骨断裂,还失去了左腿。但她没有被这一生活的不幸击垮。她很快就从痛苦中恢复过来,康复后她比以前更加积极地奔走于车臣、柬埔寨,像戴安娜王妃一样呼吁禁雷,为残疾人争取权益。

也许是一种缘分,希茜和艾美在一次会见国际著名假肢专家时相识。她们一见如故,情同姐妹。

虽然肢体不全,但她们都不觉得这是多么了不得的人生憾事,反而觉得这种奇特的人生体验,给了她们更加坚忍的意志和生命力。她们使用着假肢,行动自如。只有在坐飞机经过海关检测,金属腿引发警报器铃声大作时,才会显出两位大美人的腿与众不同。

只要不掀开遮盖着膝盖的裙子,几乎没有人能看出两位美女套着假肢。她们常受到人们的赞叹:"你的腿形长得真美,看这曲线,看这脚踝,看这脚趾涂得多鲜红!"

艾美说:"我虽然截去双腿,但我和世界上任何女性没有什么不同。我爱打扮,希望自己更有女人味。"

这对姐妹几乎忘了自己是残疾人。她们没有工夫去自怨自艾,人生在她们眼里仍是那么美好,她们在人们眼中也是美好的。也有异性在追求她们,她们和别的肢体健全的姑娘一样,也有着自己的爱情。

当人生的不幸来临时,艾美与希茜用毅力和微笑去面对生活,同样也迎来了精彩的生活和人生。

世上没有相同的人生,这是上帝的杰作,他绝对不会出现自己重复的作品,而导致了我们每个人的人生经历的不同。上帝对待每个人的命运也不总是一碗水端平,常常总会赋予很多人以各种坎坷和灾难。

但天无绝人之路,上帝为你关闭一扇窗的同时,也会为你开启另一扇窗。关键是我们不要在已经关上的那扇窗前伫立太久,我们的心中也不要死守一些陈旧的伤疤,我们不要说,生活如何如何残酷,如何如何不公,我们应该问一下自己:我找到了上帝为我们开启的另一扇窗吗? 其实它就在我们的身边,我们可以通过它,然后高抬起自己的头,用一双智慧的眼睛,透过岁月的风尘寻觅到灿烂的繁星。

当我们处于人生的黑暗时,最好不要指望靠他人的同情和唏嘘来衬托自己的不幸,我们应该鼓起自己的力量,勇敢执着地去面对。否则,我们虽然得到了短暂的心理安慰,但最后的结果却是别人的鄙视和厌恶。所以,我们的心不要被烦忧和沮丧取代,因为如果因此而干涸了心泉,失去了生机,丧失了斗志,我们岂能成就辉煌?

所以,我们永远要保持一种乐观向上的心态,坦然地看待自己眼前所发生的一切,即使是四面楚歌,背水一战,我们也一定要期待着"柳暗花明"的那一天。这时,我们不妨苦中作乐,风雨中磨砺,找到生活的趣味,经过长久的忍耐和拼搏之后,我们最终迎来的将是鲜花和掌声,还有人们的饱含敬意的目光。

魔力悄悄话

人生中既会有风雨,也会有阳光,这是人生不可避免的法则。我们渴望阳光的同时,生活有时不免会捉弄我们去面对风雨。但我们不要泄气和悲伤,那样只会埋没了自己东山再起的锐气。我们要学会冷静地看待人生,一时的挫折并不意味着整个人生都是苦苦挣扎,只要我们能够保持一个乐观的心态,生活的美好就一定会在前方展现。

七、懂得感恩让生活更美好

感恩是一种积极心态,是生活中的一种积极态度,同时也是一种宽容和豁达,世上存在的一切都有值得我们感恩的地方。

心怀感恩的人,他们总能看到事物好的一面,总能发现美好的东西,他们的人生往往美好而快乐。

一天,在乡间的一条小路上,一位乡下汉子过桥时不慎连人带车一头栽进一丈多深的河水中。谁知,一眨眼工夫,这位汉子像游泳时扎了一个猛子般从水里冒了出来,围观的人赶紧将他拉了上来。上岸后那汉子竟没有半丝悲哀,却哈哈大笑起来。

人们都很惊奇,以为他被吓疯了。于是有人好奇地问他:"何故发笑?"汉子停住反问:"我还活着,而且连皮毛都没伤着,这难道不值得发笑吗?"

是啊!什么事情都不如活着美好,假如生命没有了,一切的追求都不复存在,一切的希望也无从谈起。栽进河里的汉子感恩的欢笑难道不值得我们借鉴和学习吗?

人生道路是一条美丽而曲折的幽径,需要我们用心感受和发现它,用心珍惜生活的乐趣,享受前人带给我们的高度文明。感恩是爱和快乐的源泉,如果我们能够做到对生命中的一切都心存感激的话,便一定能体会生活的幸福和美好,能使人世间变得更加温暖。

康德说,即使仰望夜色也会有一种感动。这是怎样的一种胸怀,人活在世上再没有比活着更值得庆幸的。明白了这个道理,人生才会充满感恩,才会充满欢乐。

不懂得感恩,生活便会黯然失色,没有一点滋味,而拥有感恩之心的人,他会拥有一个健全、快乐的人生。

感恩会给我们带来很多生活的快乐,为生活中的一切而感恩,为生活中的一切而快乐,让我们充满幸福、满怀信心地生活着。

有一次,美国前总统罗斯福家被盗,丢失了很多东西,一位朋友闻讯后,连忙写了一封信安慰他,劝他不必太在意。

罗斯福给朋友写了封回信:"亲爱的朋友,谢谢你来信安慰我,我现在很平安。感谢上帝,因为第一,贼偷去的是我的东西,而没有伤害我的生命;第二,贼只偷去我部分东西,而不是全部;第三,最值得庆幸的是,做贼的是他而不是我。"

对任何一个人来说,被盗绝对是一件不幸的事,晦气又恼火,而罗斯福却找出了感恩的理由。

英国作家萨克雷说:"生活就是一面镜子,你笑,它也笑;你哭,它也哭。"我们常常忽略周围一切细微的事物,其实生活的环境中皆隐藏着许多美妙的事物。

如果你不感恩,只知一味地怨天尤人,那你最终可能一无所有,而如果你能感恩生活,生活就将赐予你无限灿烂的阳光!

在许多人看来,只有过得幸福、快乐的人才会有恩可感,其实,一个人活得幸福不幸福,快乐不快乐,并不在于财富的多少,地位的高低,或成就的大小,而在于他用一颗什么样的心来看待自己和周围的世界。

如果总觉得别人欠你的,从来想不到别人和社会给你的一切,这种人心里只会产生抱怨,不会产生感恩。

有些人,在得到了金钱、地位、名誉之后,在鲜花与掌声之中,并没有我们想象中的那么幸福。他们整天叫苦连天,口口声声说老板不理解他们,同事不理解他们,下属不理解他们,客户不理解他们,就连父母、妻子、孩子也不理解他们。这其实就是一个心态的问题。

有位哲学家说过,世界上最大的悲剧或不幸,就是一个人大言不惭地说,没有人给我任何东西。

常怀感激的人,他们懂得"人靠人活着"这样一个言简意赅的道理,因而对自己得到的一切心存感激。他们感谢父母给了自己生命,让自己来到这个五彩缤纷的世界,感谢他们把自己抚养成人;他们感谢亲人,是亲人的理解和包容使自己享受到了无微不至的关怀,得到了爱的理解;他们感谢师长朋友,为自己的成长倾注了心血;他们感谢自己,是自己的艰苦努力和善德善行,换来了生活的依靠和世人的抬爱高看;他们感激自然界的日月星辰、山川河流、蓝天白云、红花绿草和飞鸟游鱼,是他们养育了自己,愉悦了自己,使人生变得五彩斑斓,让人爱恋;他们感谢上苍,感谢生活中的一切,因为,活着本身就是一种最大的恩赐。

感恩的心给人带来满足和快乐,使人生活在幸福之中。一个常怀感激的人即使被人误解或亏待,也会对别人给予理解与宽容,因为他们会想到自己也会受见识胸怀所限,对别人也会有失公平之处。记得台湾作家林清玄曾经写过一篇名为《感恩之心》的散文,文章中作者把自己比拟成尘土当中的一粒沙,那么渺小,那么微不足道,却也感激浩瀚的宇宙赋予了自己生命,感激风沙与吾为伴以至于不孤独,感激自然界的一切让生活充满了快乐——这就是一位社会名流心中的幸福。

感恩是一份美好感情,是一种健康心态,是一种良知,是一种动力。人有了感恩之情,生命就会得到滋润,并时时闪烁着纯净的光芒。

世界对任何人都是公平的。在每个人诞生的那一天,都会收到一件极其贵重的礼物,那就是全世界。这里面装满了作为人所需要的一切,不仅有美好的东西,也有许多丑陋的事情。它既有很多的奇迹,也有许多的无奈。然而,这正是它的意义所在,这就是生活。

在生活中,我们不能否认鲜花与荆棘相伴,也不能否认阳光与风雨同在,更不能否认成功与失败并存。因此,人生并不是一帆风顺的。人生不如意事十之八九,有时你会四顾茫茫陷入绝境、孤立无援。面对此种状况,有的人因此怨天尤人、满腹牢骚。更有甚者,从此意志消沉、萎靡不振。

人生中无法改变和预测的事情的确太多了。但是,只要我们常怀一颗感恩的心,勇敢地面对生活中的坎坷,坦然接受命运的挑战,豁达处理,坚持再坚持,就会让你在"山重水复疑无路"时,体会到"柳暗花明又一村"的惊喜。

无论生活还是生命,都需要感恩。只有常怀一颗感恩的心,你才能越过冷漠与麻木,在享受父母和朋友的关怀与关心时,不会觉得是理所当然,也会试图用爱回报这个世界。常怀一颗感恩的心,你才会不埋怨、不退缩,用自己的方式顽强地生活。也才会更加知足惜福,才会发现这个世界是如此美好。

感恩，让我们以知足的心去体察和珍惜身边的人、事、物；感恩，让我们在渐渐平淡麻木了的日子里，发现生活本是如此丰厚而富有；感恩，让我们领悟和品味命运的馈赠予生命的激情。

如果你有一颗感恩的心，你会对你所遇到的一切都抱着感激的态度，这样的态度会使你消除怨气。早上起来的时候，你看到窗外的阳光，你会感恩。吃一块面包，你会感恩；接到朋友的电话，你会感恩；在树上看到一只鸟在唱歌，你会感恩；看到猫咪睡在你的床头，你会感恩；然后你的一天乃至你的一生，就在这感恩的心情中度过，那你还有什么不幸福的呢？

魔力悄悄话

感激每一片阳光，每一阵清风，每一朵白云，每一块绿茵，每一茎野花，每一场暴雨，每一片冬雪，每一棵树，每一叶草，每一个动物，是它们带给我们好心情，是它们让我们体会到自然与生命的美妙。

第九章
人脉，影响力的暗码

推销大王乔·吉拉德说："在你追求成功的旅途中，光是孤军奋斗是不行的，你需要不断扩大你的社交圈子，建立起自己的人际网络。"诚然，拥有真挚的友谊是很多人成功的基础，有几个谈得来的朋友，彼此之间心心相印，其激励作用和创造力都是无法估量的。我们从那些伟人的自传中，总是能够找到友谊的位置，甚至很多人是因为友谊才走向成功的。

一、精心构建人际网络

"千里难寻是朋友，朋友多了路好走……让我们从此是朋友，千金难买是朋友，朋友多了春长留……"这是一首旋律优美的赞颂友谊的歌曲，明示了友谊在人一生中的可贵程度以及友谊所带来的效益。

推销大王乔·吉拉德说："在你追求成功的旅途中，光是孤军奋斗是不行的，你需要不断扩大你的社交圈子，建立起自己的人际网络。"诚然，拥有真挚的友谊是很多人成功的基础，有几个谈得来的朋友，彼此之间心心相印，其激励作用和创造力都是无法估量的。我们从那些伟人的自传中，总是能够找到友谊的位置，甚至很多人是因为友谊才走向成功的。

在美国内战爆发之初，人们经常热衷于谈论几位总统候选人的条件。有一次，在提到林肯时，一个人说道："林肯一无所有，他唯一的财富就是众多的朋友。"的确，林肯非常贫困，当他当选为得州议员时，他特地借钱买了一套比较高档的服装，以便在公众场合出现时显得比较正式一些，并且，他还徒步走了一百英里去就职。还有这样一件轶事，那就是在林肯当选为美国总统之后，他为了把家人接到华盛顿，不得不向朋友借钱。然而，就是这样一个在物质上窘迫困顿的人，在感情上却非常富有。

朋友往往是最有利于我们开创事业的资本。现在功成名就的人物中，很多人当初如果没有朋友的鼓励而使他们牢牢地坚守自己的阵地，恐怕早已在他们事业生涯中某些危急时刻便放弃奋斗、偃旗息鼓了。如果生活中没有朋友的话，我们的生命将是一片荒芜贫瘠的沙漠。

戴尔·卡耐基曾经试着对某个成功者做一番分析，通过对他的职业进行长时期的仔细观察和研究之后，得出这样一个结论：他的成功至少有20%应当归功于他在广交朋友方面的非凡能力。从他的童年时代起，他就致力于培养这方面的能力。他非常善于把人们吸引和聚集在他的身边,甚至到了朋友们愿意为他做任何事情的地步。深厚的友情不仅为他打开了不寻常的机会之门,而且也大大增加了他的知名度。换句话说,由于众多朋友的帮助,他的能力也扩大了许多倍。他似乎拥有一种神奇的力量,能够在做任何一件事时获得朋友们无私而热心的支持。朋友们似乎都在全心全意地增进他的利益。

一个人的能力和精力是有限的,成功的秘诀之一就是重视利用各种关系,通过集体的力量提升成功的概率。一个广结善缘的人,他事业的成功有许多方面的原因,除了个人的杰出才能外,还凝聚了许多朋友的心血。正是因为他在各处不断结识各方面的杰出人才,才保证了他从一个高峰走到另一个高峰。

经常与他人合作,一个人就能发现自己新的能力。如果不去和他人合作,有些潜伏着的力量是永远发挥不出来的。无论是谁,只要他耐心去聆听,他所交往的人总愿意告诉他若干秘密,给予他一定的影响。有些信息对他而言可能是闻所未闻,但足以转变他的前程。如果这时他选择吸收,将会对他极有帮助。没有一个人在孤身一人的环境里能发挥出他自己的全部能量,而别人常常会成为自己潜能的启发者。

我们大部分的成就在很大程度上得益于他人的有益影响:他人常常在无形中把希望、鼓励、辅助投射到我们的生命中,常常能在心灵上安慰我们,在精神上激励我们。对于这一点,很多人都能体会得到。

人际关系是创业者的重要资本,所以,聪明的创业者不会视亲戚、朋友们而不见,而会把这些关系作为自己创业成功的重要条件。事实上,人际关系创造了很多百万富翁。在百万富翁们经营或者投资的过程中,人际关系给他们提供了很大的方便。

所以,不管是多么短暂的相遇,也不要轻视这份小小的缘分,说不定它会为你带来一系列的好运气以及许多意外的成功机会。不过,这绝对不是投机取巧,不劳而获。谁曾见成功的机缘源源不断地光顾过贪婪无耻、品德败坏的人?遇到好机缘的人早在事先具备了应有的品质,才可以享有这些好机缘所带来的一切好运。

人应该多和自己欣赏的人接触交往,和一些经验丰富、学识渊博的人接触交往,这样就能使自己在人格、道德、学问方面受到好的熏陶,使自己具有更完美的理想和更高尚的情操，激发自己在事业方面更努力。

构建自己的人际关系网络，需要注意以下几点：

第一，要有正确的观念。人际关系的培育与运用并不是让一群人无条件地来成就你的事业或完成你的心愿。我们要本着平等互惠的原则，一方面提升效率及成绩，另一方面要懂得成全他人，有时亦要兼顾他人的难处。

第二，为自己的人际关系进行分类。你的朋友或客户的来源是哪几类呢？是来自自己的亲戚，还是同学、同事、社团友人、儿时玩伴，或者金融界的朋友、政界的朋友、媒体界的朋友、一同进修的朋友？对不同的朋友要采取不同的方式对待。

第三，设定未来要打入的人际关系网络。我们可以静下来仔细想一想，如果一切都可能，未来我们想打入的市场在哪里？

第四，不要对人设限。人是活的，会随着心智的成长而改变。我们不应对人预设立场，自动地将自己认为"不可能"的人删除。

魔力悄悄话

精心构建你的人际网络，它将会成为你一生最宝贵的财富。人应该多和自己欣赏的人接触交往，和一些经验丰富、学识渊博的人接触交往，这样就能使自己在人格、道德、学问方面受到好的熏陶，使自己具有更完美的理想和更高尚的情操，激发自己在事业方面更努力。

二、慢慢经营你的人脉

好的人际关系是使人成功的基础,但好关系的建立不是一朝一夕就能做到的,必须从一点一滴入手,依靠平日情感的积累。

古人说:"积土成山,风雨兴焉;积水成渊,蛟龙生焉。"

只有通过不断的构建和巩固,人际关系才能牢固。情感投资,聚沙成塔,有了"铁"关系垫底,何愁求助无门?

你有没有过这样的经历:当发生了困难,你认为某人可以帮你解决,本想马上找他,但转念一想,过去有许多时候,本来应该去看他,但都没有去,现在有求于人就去找他,会不会太唐突了?

会不会因为太唐突而遭到他的拒绝? 在职场上也一样,要和别人建立良好的关系才容易被人赏识。

很多人认为,与人交往是一种短平快的交易,何必花那么多的冤枉心思去搞马拉松式的感情投资?

其实,这是十足的目光短浅。俗话说得好:"平时多烧香,急时有人帮","晴天留人情,雨天好借伞"。

真正善于与人交往的人都有长远的战略眼光,早做准备,未雨绸缪,这样,在紧急时刻就会得到意想不到的帮助。

对于那些"平时不烧香,临时抱佛脚"的人,菩萨即使灵验,也不一定会帮助你。

因为你平常心中就没有佛祖,有事才来恳求,佛祖怎会当你的工具呢?所以我们求神,自应在平时烧香。而平时烧香,也表明自己别无他求,完全出于敬意,而绝不是买卖;一旦有事,你去求它,它念在平日你烧香热忱的份上,也不会拒绝。

现代人生活忙忙碌碌,没有时间进行过多的应酬,日子一长,许多原本牢靠的关系就会变得松懈,朋友之间逐渐互相淡漠,这是很可惜的。

事实上,友谊之花须经年累月培养,切不可急功近利。懂得了这个道理,你也许就不会为繁忙而忽视友谊的存在找借口了,只要平时对朋友真心相待,自然能获得长久的友谊。

　　唐代京城中有位窦公,聪明伶俐,极善理财,但他却财力绵薄,难以施展赚钱本领。没有办法,他先从小处赚起。

　　他在京城中四处游荡,寻求赚钱门路。某日来到郊外,却见青山绿水,风景极美,有一座大宅院,房屋严整。一打听,原来是一权要官宦的外宅。他来到宅院后花园墙外。

　　但见一水塘,塘水清澈,直通小河,有水进,有水出,但因无人管理,显得有点零乱肮脏。窦公心想:生财路来了。水塘主人觉得那是块不中用的闲地,就以很低的价钱卖给了他。

　　窦公买到水塘,又凑借了些钱,请人把水塘砌成石岸,疏通了进出水道,种上莲藕,放养上金鱼,围上篱笆,种上玫瑰。

　　第二年春,那名权要宦官休假在家,逛后花园时闻到花香,到花园后一看,直馋得他流口水。

　　窦公知道鱼儿上钩了,立即将此地奉送。

　　这样一来,两人成了朋友。一天,窦公装作无意地谈起想到江南走走,宦官忙说:"我给您写上几封信,让地方官吏多加照应。"

　　窦公带了这几封信,往来于几个州县,贱买贵卖,又有官府撑腰,不几年便赚了大钱,而后又回到京师。

　　他久已看中了皇宫东南处一大片低洼地。那里因地势低洼,地价并不贵。窦公买到手之后,雇人从邻近高地取土填平,然后在上面建造馆驿,专门接待外国商人,并极力模仿不同国度的不同房舍形式和招待方式。所以一经建成,便顾客盈门,连那些遣唐使们也乐意来往。

　　同时又辟出一条街来,多建赌场甚至杂耍场等,把这条街建成"长安第一游乐街",日夜游人爆满。不出几年,窦公挣的钱数也数不清,成了海内首富。

　　窦公为了钓到宦官不惜血本作钓饵,又耐性极好,鱼儿上了钩竟然浑然不知,他的这种技巧乃"放长线钓大鱼"。

　　善于"放长线钓大鱼"的人,看到大鱼上钩之后,总是不急着收线扬竿,把鱼甩到岸上。

　　他会按捺下心头的喜悦,不慌不忙地收几下线,慢慢把鱼拉近岸边;一旦大鱼挣扎,便又放松钓线,让鱼游窜几下,再又慢慢收钓。如此一张一弛,待到大鱼精疲力竭,无力挣扎,才将它拉近岸边,用提网兜拽上岸。

人际交往有时也是一样,如果追得太紧,别人反而会一口回绝你的请求,只有耐心等待,才会有成功的喜讯来临。

魔力悄悄话

经营人脉切不可过急,温火慢炖出来的友谊汤才是最美味的。友谊之花须经年累月培养,切不可急功近利。懂得了这个道理,你也许就不会为繁忙而忽视友谊的存在找借口了,只要平时对朋友真心相待,自然能获得长久的友谊。

三、真诚对待每个朋友

与朋友交往，最重要的是要真诚。

曾国藩曾经给"诚"下过定义：一念不生是谓诚，故"诚于中，必能形于外"。真诚在内心就是纯净无染，表现于外就是真实不虚、率真自然；如此则自然心怀坦荡，正直无私。因此，真诚的心就像阳光雨露般，能温暖人心，净化心灵。

人格魅力的基本点也是真诚。人格魅力来自完善的人格，而真诚待人、恪守信义则是赢得人心、产生吸引力的必要前提。待人心眼实一点，心诚一点，守信一点，能更多地获得他人的信赖、理解，同时能得到更多的支持、合作，因而才会获得更多的成功机遇。

我们主张知人而交，对不很了解的人，应有所戒备，对已经基本了解、可以信赖的朋友，应该多一点信任，少一些猜疑，多一点真诚，少一些戒备。对可以信赖的人，真真假假、闪烁其词、含含糊糊是不明智之举。我国著名的翻译家傅雷先生说："一个人只要真诚，总能打动人的，即使人家一时不了解，日后便会了解的。"他还说："我一生做事，总是第一坦白，第二坦白，第三还是坦白。绕圈子，躲躲闪闪，反易叫人疑心；你要手段，倒不如光明正大，实话实说，只要态度诚恳、谦卑、恭敬，无论如何人家都不会对你怎么的。"

"敞开心扉给人看"，对方会感到你信任他，从而卸除猜疑、戒备心理，把你作为知心朋友，乐意向你诉说一切。心理学认为，每个人的思想深处都有内隐闭锁的一面，同时又希望获得他人的理解和信任，有开放的一面。然而，开放是定向的，即向自己信得过的人开放。以诚待人，能够获得人们的信任，发现一个开放的心灵，争取到一位用全部身心帮助自己的朋友。这就是用真诚换来真诚，如果你在发展人际关系、与人打交道时，能用诚信取代防备、猜疑，就能获得出乎意料的好结局。

有两个朋友在沙漠中旅行，在旅途中的某处他们吵架了，一个还给了另外一个一记耳光,被打的觉得受辱,一言不语,在沙子上写下:"今天我的朋友打了我一巴掌。"他们继续往前走,直至到了沃野,他们决定停下。被打的那位差点被淹死,幸好被朋友救起来。被救起后,他拿了一把小剑在石头上刻下了:"今天我的好朋友救了我一命。"一旁好奇的朋友问道:"为什么我打了你以后你要写在沙子上,而现在要刻在石头上呢?"另一个笑了笑回答说:"当被一个朋友伤害时,要写在易忘的地方,风会负责抹去它;相反的,如果被帮助,我们要把它刻在心里的深处,那里任何风都不会抹去它!"

朋友间的相处,伤害往往是无心的,帮助却是真心的,忘记那些无心的伤害,铭记那些对你真心地帮助,你会发现在这个世上你会有很多真心的朋友……

一个人可以抵挡住形形色色的诱惑,却抵不住真挚之情的莅临,真情会使人们之间架起一座心灵之桥,通过这座桥,就能打开对方心灵的大门,既而登堂入室,然后赏心悦目,从而肩并肩、手携手地走过美丽人生。

人生际遇里,会有很多朋友,但找到一个真正的朋友却不是件容易的事情,所以,朋友之间的真诚很珍贵。

真诚是春风,能拂去心灵的微尘;真诚是雨露,能滋润友谊的花朵。真诚带给我们希望,带给我们力量……真诚不是智慧,却常常放射出比智慧更诱人的光芒。有许多仅凭智慧不可能得到的东西,只要信守真诚,就会轻而易举获得成功。

有一个英国作家名叫哈尔顿,他为编写《英国科学家的性格和修养》一书,采访了达尔文。达尔文的坦率是尽人皆知的,为此,哈尔顿不客气地直接问达尔文:"您的主要缺点是什么?"达尔文答:"不懂数学和新的语言,缺乏观察力,不善于合乎逻辑地思维。"哈尔顿又问:"您的治学态度是什么?"达尔文又答:"很用功,但没有掌握学习方法。"听到这些话,谁不为达文的坦率与真诚鼓掌呢?按说,像达尔文这样蜚声全球的大科学家,在回答作家提出的问题时,说几句不痛不痒的话,甚至为自己的声望再添几圈光环,有谁会产生异议呢?但达尔文不是这样。一是一,二是二,他甚至把自己的缺点毫不掩饰地袒露在人们面前,这样高尚的品德,换来的必是真挚的信赖和尊敬。朋友的交往亦是这样。你敢于说真话,说实话,肯让人知,朋友为你的诚实所感动，便会从心底深处喜欢你，他给你的回报，也将是说真话，说实话。

真诚犹如清新剂，它会净化人们的灵魂，给人们以自律；它犹如公平的舞台，给人们以自尊；它是约定俗成的民俗，给社会以稳定；它是人们心底的交流，给人们以和谐与温馨。见面真诚地道一声"你好"，你将会得到一天的愉悦；两相碰撞时真诚地说一声"对不起"，各自带着欢笑就不会再较真。

魔力悄悄话

一个人可以抵挡住形形色色的诱惑，却抵不住真挚之情的莅临，真情会使人们之间架起一座心灵之桥，通过这座桥，就能打开双方心灵的大门，既而登堂入室，然后赏心悦目，从而肩并肩、手携手地走过美丽人生。

四、与优秀的人交朋友

相信凡是参加过招聘会的人都思考过一个问题:"我究竟值多少钱? 具体应该如何评估? 有没有一个可供操作的标准呢?"对于这个问题,有人说过一句经典的话,可谓一针见血:要估算你今天究竟值多少钱,你就找出身边最要好的三个朋友,他们收入的平均值,就是你应该获得的收入。

这句话并非没有道理,在当今这样一个人脉社会,一个人能够成功,常常不在于他懂得多少大道理,他有多高的学问,更重要的是他认识的人是谁。如果他的好朋友都是有钱人,那么他的身价也不会太低。

唐笑是河北省某县一个普通农民,先天残疾。他20岁时,在父母的支持下在县城里开了一家小饭店。一天,外面下着大雨,唐笑见到饭店不远处有一辆轿车出了故障,车主急得抓耳挠腮,无计可施。唐笑一向是个乐于助人的人,他决定帮那车主一把。唐笑叫店里的司机开货车送车主回家,而自己则帮着照看那辆出故障的车,直到他回来提车。

后来,唐笑才知道车主竟然是本县的县长。这一下不打紧,唐笑和县长成了好朋友。在县长的支持下,唐笑改行做了五金和建材生意。县长还把本地出名的几位大企业家介绍给唐笑认识,一下子认识了这么多"大人物",唐笑简直受宠若惊。在交往的过程中,这几位企业家都感动于唐笑的创业精神,一致表示愿意支持他的事业。很快,唐笑的事业得到了蓬勃的发展,他也成了远近闻名的人物。

由此,我们可以算算唐笑值多少钱。找出他身边最要好的几个朋友,将他们的薪资一平均,唐笑的"价值"便出来了。他原来的价值只是身边几个伙计相加的平均数,现在是几个大企业家相加的平均数,二者可谓是一个天上一个地下。可见,一个人的价值,很大程度上取决于他经常交往的人,即他的人脉。

　　所以，我们结交朋友应该有明确的目标，多与比自己优秀的人为伍。有位哲人说过："和优秀的人在一起，只会使你变得更优秀。"

　　一个人从别人那里所摄取的能量越大、品质越好、种类越多，那他个人的力量就越大。假使他在社交上、精神上和道德上与比他优秀的人有多方面的接触，那他一定是个有力量的人。

　　已过知天命年龄的保罗·艾伦，似乎一直以来都掩盖在比尔·盖茨的光环之下，人们只知道他和比尔·盖茨共同创立了微软，却忘记了正是他把比尔·盖茨引入了软件这个行业。而就是这样一个软件业精英、富于幻想的开拓者、为玩耍一掷千金的豪客、总是投资失败却成功积聚巨额财富的商界巨子，却在创造着一个传奇——他有取之不尽的财源、独树一帜的投资理念，也有与众不同的成功标准。

　　1968 年，与比尔·盖茨在湖滨中学相遇时，比比尔·盖茨年长两岁的保罗·艾伦以其丰富的知识比尔·盖茨折服，而比尔·盖茨的计算机天分，又使保罗·艾伦倾慕不已。就这样，两人成了好朋友，随后一同迈进了计算机王国。保罗·艾伦是一个喜欢技术的人，所以，他专注于微软新技术和新理念。比尔·盖茨则以商业为主，销售员、技术负责人、律师、商务谈判员及总裁一人全揽。微软两位创始人就这样默契地配合，掀起了一场至今未息的软件革命。

　　有人说，没有保罗·艾伦，微软也许不会出现，但如果不是托比尔·盖茨的福，保罗·艾伦也许连为自己的"失误"买单的钱都不可能有。而这并不是偶然，比尔·盖茨曾这样说过：有时决定你一生命运的就在于你结交了什么样的朋友。换句话说，从某种角度而言，你与之交往的人或许就是你的未来。保罗·艾伦与比尔·盖茨就是这样互相决定了他们的未来。

　　保罗·艾伦的成功得益于他正确选择了比尔·盖茨。但我们也不能不承认，保罗·艾伦本身独具一种超人的智慧锋芒。有人这样评价：如果没有抓住创立微软的机遇，保罗·艾伦可能只会是波音公司的一位工程师，或一家软件公司的雇员。而一不小心挣下亿万身家，这不是每个人都能做到的。与其说是保罗·艾伦的一时冲动创立了微软，不如说是他具有远见卓识。

　　任何为微软立传的人都不能回避那段历史：1974 年 12 月，保罗·艾伦拿着新出的《大众电子》杂志，去给伙伴比尔·盖茨看关于世界上第一台微机 ALTA – IR8800 的报道，说服他一同创业，这才有了微软。比尔·盖茨的回忆中这样描述："当时如果不是保罗·艾伦描绘的蓝图打动了我，也许我还会待在大学里。那么，以后所有的故事就不会发生了，我甚至怀疑自己当时是不是太过冲动。"

与最优秀的人在一起，优秀将成为一种习惯。如果错过与比我们优秀的人结交的机会，实在是一种很大的不幸，因为我们常能从这种人身上得到很多益处。只有在这种交往中，我们生命中那些粗糙的部分才会被削平，才可以慢慢将我们琢磨成器。

机会不是天外来物，而是人创造的，优秀的人显然会带给你更多更好的机会。更重要的是与优秀的人相处，可以学到优秀之人的为人处世之道，扩大自己的视野，从他们的经历中受益，你不仅可以从他们的成功中学到经验，而且可以从他们的教训中得到启发。

魔力悄悄话

与一个比你优秀的人交往，其价值要远大于发财获利的机会，它能使你去发展自己高贵的品格，能使你的力量扩增百倍。你甚至可以根据他们的生活状况改进自己的生活状况，成为他们智慧的伴侣，这自然也会使你变得更优秀。

五、不要对人太挑剔

每个人都有缺点，甚至有一些见不得人的阴暗角落。因为我们都是凡人，都有人性的弱点，每一个人的心里都有阴暗面，在每一个灵魂下面都藏着猥琐的东西。

因此，在与人交往时，我们不要太挑剔，对人不要"至察"，需要以宽容、豁达的胸襟对待周围的人，做到明察他人但不计小过，营造一种亲和、宽松的环境，在融洽、平等、祥和的气氛中处理一切问题。这样，人际关系才会趋于和谐。

在与人交往时，不对人吹毛求疵，懂得容人，在为他人创造宽松的人际环境的同时，也给自己创造了一个快乐的空间。当然，宽容并不是随波逐流的苟合，它是一种有原则的、达观的处世态度。这种态度将有助于我们吸取他人的智慧和力量，把自己理想的事业完成得更顺利、更圆满。

其实，如果我们换一个角度看问题，就会发现，很多时候，残缺不全也是一种美。

古罗马神话中的美神，名叫维纳斯。当后人挖掘出女神雕像时，却发现美神缺少手臂。她的双臂到底是什么姿势？人们对此争论不休。

许多美术家和考古学家设计了种种复原方案，有的还制成了各种各样的模型，但总是事与愿违，没有一次尝试令人满意，每个方案都觉得不贴切、不协调。原来的手是个什么样子，人们无从知晓；重新安上两只手，又觉得别扭。

人们终于得出一个结论：就让她少两只手臂，这样显得更自然，更符合其本来面目。失去的双臂可以让每一个人都展开想象的翅膀，描绘自己心目中的美神。美神维纳斯正是因为缺少这两个胳膊而显得更加美丽、更为人们所熟知。

《菜根谭》中说："地之秽者多生物,水之清者常无鱼;故君子当存含垢纳污之量,不可持好洁独行之操。"一片堆满腐草和粪便的土地,才能长出许多茂盛的植物;一条清澈见底的小河,常常不会有鱼来繁殖。君子应该有容忍世俗的气度,以及宽恕他人的雅量,绝对不可自命清高,总是挑剔别人而使自己陷于孤独。

魔力悄悄话

"水至清则无鱼,人至察则无徒。"其意思是:水太清澈,意味着杂质太少,鱼儿赖以生存的养分就无法保障,自然就无法生存。在现实生活中,一个人如果对他人太过较真儿,事事求全责备,不能容人,结果所有人都会对他敬而远之。

第十章
在沟通中释放影响力

　　成功学大师卡耐基很早就认识到沟通对一个人成功的重要性，他认为："所谓沟通就是同步。每个人都有他独特的地方，而与人交际则要求他与别人一致。"是的，一个人要想成功，一定要学会沟通，特别是要学会面向很多人讲话。

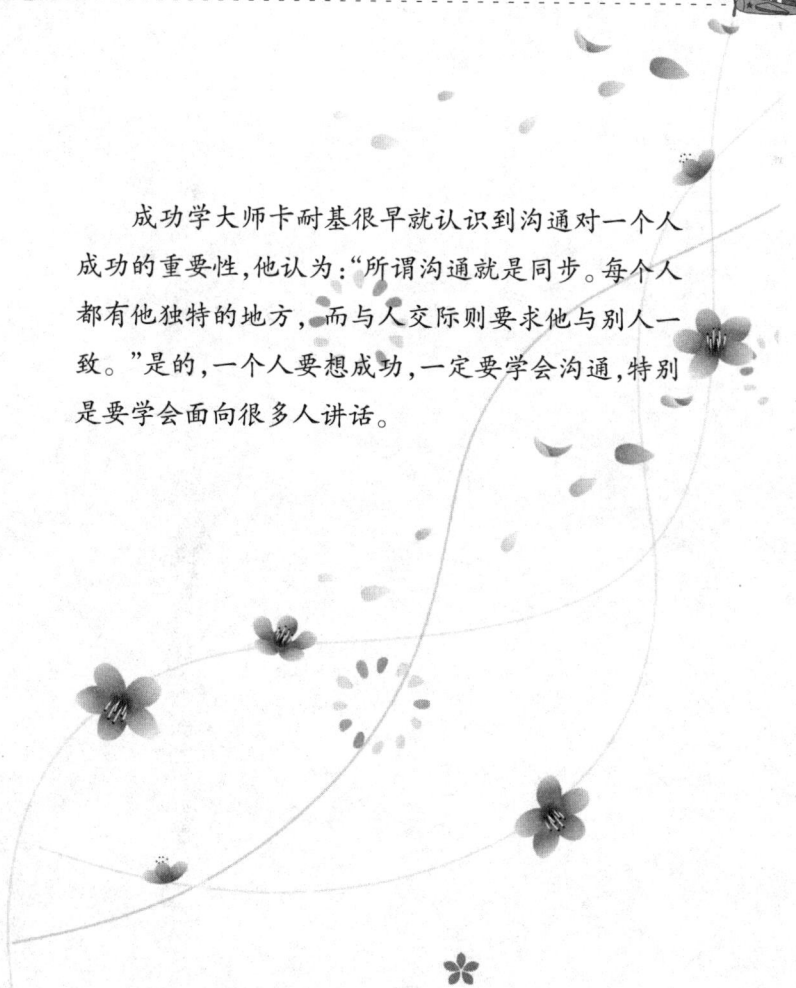

一、有效沟通的重要性

艾森豪威尔是二次大战时的盟军统帅。有一次,他看见一个士兵从早到晚一直在挖壕沟,就走过去跟他说:"大兵,现在日子过得还好吧?"士兵一看是将军,敬了个礼后说:"这哪是人过的日子哦!我在这边没日没夜地挖。"艾森豪威尔说:"我想也是,你上来,我们走一走。"艾森豪威尔就带他在那个营区里面绕了一圈,告诉他当一个将军的痛苦和肩膀上挂了几颗星以后,还被参谋长骂的那种难受,打仗前一天晚上睡不着觉的那种压力,以及对未来前途的那种迷惘。

最后,艾森豪威尔对士兵说:"我们两个一样,不要看你在坑里面,我在帐篷里面,其实谁的痛苦大还不知道呢,也许你还没死的时候,我就活活地被压力给压死了。"这样绕了一圈以后,又绕到那个坑的附近的时候,那个士兵说:"将军,我看我还是挖我的壕沟吧!"

这个故事说明沟通在生活与工作中是十分重要的。管理者在公司运营中,下属一般不太知道你在忙什么,你也不知道他在想什么,你的痛苦他未必了解,他在做什么你也不见得知道,其实,这都是因为双方沟通太少。尤其对那些采用隔间与分离的办公室的公司,作为一个主管,你应该弥补这个问题,常常出来走动走动,哪怕是上午十分钟,下午十分钟,对你们公司和你的下属都会有非常大的影响。在管理学上,这叫作走动管理。很多大公司就反对把每个人弄在一个小房间里面,其管理上的情与理也正在于此。

成功学大师卡耐基很早就认识到沟通对一个人成功的重要性,他认为:"所谓沟通就是同步。每个人都有他独特的地方,而与人交际则要求他与别人一致。"是的,一个人要想成功,一定要学会沟通,特别是要学会面向很多人讲话。

面向很多人讲话的典型方式之一就是演讲。演讲不仅是一种表达思想、与他人沟通的有力工具,而且它能够训练演讲者本人的思维能力和应变能力,使其与听讲者形成思想的交流与共鸣。许多伟人都拥有这种出色的沟通才能,这是他们在长期实践中逐渐历练出来的技能,这种卓越的才能既增强了他们自身的人格魅力,同时也成了他们成就伟大事业的强大推动力。

在日常生活中,沟通也是每个人必备的素质。管理学著作中常常提到做领导者需要具备一些条件,比如说凝聚力、创新性、适用性、沟通力等,而在这些条件当中,沟通力是必不可少的。不管你是董事长、副董事长,还是车间主任、班组长,都要学会与你的下属有效沟通。你需要把你的政策、想法和意图清楚地告诉下属,让他们正确无误地去执行。

无论是杰克·韦尔奇领导下的通用电气公司、山姆·沃尔顿领导下的沃尔玛,还是赫布·凯莱赫领导下的西南航空公司,公司内部的几乎每一位员工都能清楚地了解这些领导者的主张,也都知道他们对员工有什么期望。因为他们是优秀的沟通者,也是公司员工良好的工作伙伴,他们一直在密切留意员工和公司运营的情况。为了了解下情,他们乐于与员工讨论工作,并且乐此不疲。因此,他们非常清楚公司的运营状况,甚至是细节。正是这些领导者积极主动与员工沟通的意愿和非凡的沟通力,强化了他们对整个公司的影响力;他们对公司事务的热情参与,也大大激发了员工们的工作激情,从而推动公司迅速成长。

由于长期受到儒家伦理道德观念的濡染,中国人逐渐形成了一种固有的行为方式,那就是所谓的"听话":孩子要听大人的话,晚辈要听长辈的话,下级要听上级的话……这种单向的服从式的管理模式,阻碍了人与人之间的正常沟通,使之变成了一种自上而下的灌输,这对于我们的工作和生活是很不利的。

所以,学会有效沟通,对于我们来说,是一项亟待解决的重要课题。

要知道,沟通在人的一生中真的很重要,当相爱的人有了矛盾,有一方主动去沟通,立即会和好如初,爱情会更加甜蜜,彼此间会更加珍惜,感情会进一步得到升华;当朋友之间产生了矛盾和误会,及时去沟通,马上会得到对方的谅解和理解,尽释前嫌,和好如初,让心与心的距离更加贴近,友情更上一层楼;当父母和孩子产生了代沟,做父母地放下家长的架子去真诚地和孩子沟通,不但能了解孩子想的是什么,还能知道孩子真正需要的是什么,同时,孩子也会理解父母的苦心,对父母更孝顺,这对孩子的成长大有好处;当你在工作中,和领导、下属或合作伙伴之间,遇到棘手的难题或不顺,诚心诚意和对方沟通,你的工作就会得到对方的支持,从而达到你想要的目的。

沟通如大地沐浴了春雨，滋润了我们的心田；沟通如寒冬迎来了春风，悄悄地融化了我们情感中的冰雪；沟通如黑暗中的一缕阳光，照亮了人与人之间交往的小路；沟通如一把金钥匙，开启了多年封闭的心门。

沟通也是一门艺术，要多简单有多简单，要多复杂有多复杂，一个真诚的道歉，一句温馨的话语，一个简单的微笑，一个关切的电话，一束美丽的鲜花，都可以成为我们沟通的最好方式。当然，世间的纷杂，也决定了沟通时会遇到这样那样的情况，这就要我们在沟通时因人而异，因事而异，选择最佳的沟通方法。

魔力悄悄话

沟通随时存在于我们每个人的生活中，沟通是解决思想问题的最好方式，遇到问题及早及时沟通，你的生活会少些烦恼，沟通时多一些诚意，多一些谅解，在给他人带来快乐的同时，你自己也会得到幸福。

二、让沟通从尊重开始

尊重是一种礼貌,更是人们之间友谊的桥梁。一个懂得去尊重别人的人必定会得到信任,在生活中体现对人的尊重也是一种艺术。人类是群体的动物,而沟通是人类不可或缺的。每一个人所说的每一句话,都带有某种信息,不管是职场上或是生活中的事,不管是喜悦抑或愤怒的表达,这一切都必须仰赖彼此的"沟通"。而有效的沟通,必须在尊重的辅助下,才能收到事半功倍的效果。人与人相处,相互尊重是一个基础点,能否掌握至关重要。当前,一份有关公司内部的统计结果显示,60%的主动离职者离职的原因是因为"和上级不和"或"不满上级工作作风",而这60%的主动离职者中,有不少都是表现相当突出的员工。表现相当突出的员工因为"和上级不和"或"不满上级工作作风"而离开公司,我们很难把全部责任都归结到员工个人身上;如果我们一定要把责任推到员工身上去,只能说这些员工"服从性不够"或者说"抗压能力不够"。激励下属员工,让其做出优秀的绩效,并留住这些员工,本来就是管理者的责任,现在这些优秀员工因为"和上级不和"或"不满上级工作作风"而离开了,自然而然是管理者的责任。

通常,这些"逼"走员工的管理者有一个共性:都属于专制型领导,做事雷厉风行,执行力强,但缺少耐心和细心;有时对于事情的处理也过于武断和粗暴。他们的优点其实也是他们的缺点。这些缺点的根源就在于对下属的尊重不够。下属有血有肉、有思想、有自尊,甚至有个性,简单粗暴的命令式、打罚式管理方式已经跟不上时代的潮流和需要。其实要做一个成功的管理者也很容易,对下属尊重多一点,鼓励他们讲出自己的真实想法,定期不定期多沟通一下、激励一下,当他们的行为有所偏离时,适时提醒一下、纠正一下,必要时指导一下,帮助他们解决问题,他们就会从心底里佩服你、尊敬你、跟随你。需要学会尊重的,除了老师,还有父母。

"你和孩子经常聊天吗?"有位老师带着这个问题随机问了参加高一家

长会的 10 位家长,其中有 9 位家长答案是一致的,很少聊天,就是聊天,他们之间谈话的主题无非是:今天你在课堂上表现怎么样、这次考试成绩如何、周末要按时去辅导班补课等。北京一所中学对 230 多名高一至高三的学生调查,结果发现,有七成的学生不喜欢和家长聊天,有八成的家长感到自己和孩子存在距离和隔膜。

这位老师在后来接受的媒体采访中谈道:"此次微型调查传递出一个信息,即如今的孩子与家长出现沟通危机,而这种沟通危机的出现,不赖孩子,主要还是家长造成的。一位高一女生告诉我,她很烦父母,他们事事都要管,当然最在意的是她的学习成绩,要是她在班级的排名有进步,他们就高兴得不得了,给她买好吃的补身体,要是排名落后了,家里的气氛就非常紧张和压抑,好像天要塌下来似的。为了找到学习退步的原因,他们想了很多损招,如翻看书包、偷看日记,甚至找调查公司跟踪她的行踪……父母将这样的行为解释为对她成长的关心和负责,是在履行监护权,她却认为父母的做法是对她极大的不尊重,是侵权行为。她很反感,甚至到了憎恨的程度。"

其实,沟通就像是在跳交际舞,必须要相互尊重。沟通的过程是基于相互尊重基础之上的收集正确的信息、给出好的信息和取得进展的过程。只尊重自己但不尊重别人的人是自大的人,没有人愿意与自大的人沟通。所以,对别人缺乏尊重会阻碍自己成为有效的沟通者。同样地,如果不尊重自己也会导致无效的沟通。如果我们自我评价很低,我们将不能说出我们的想法、目标、好恶。

沟通过程中如果我们想赢得别人的尊重,那么首先必须尊重自己;如果我们不尊重自己,没有人会尊重我们。其次,我们要尊重他人,要表现出对别人的尊重,同时赢得别人对自己的尊重。所以,尊重是双向的。

魔力悄悄话

尊重他人也尊重自己,没有这一点,成功的沟通是不可能的。这也促使我们努力获得和给予好的信息。如果这些都做得好而彻底,事情取得进展就是水到渠成的事。

三、多倾听对方的心声

如何与人真诚沟通、交流？很多人认为，交谈是最好的办法。其实不然，比倾诉更让人倾心的是倾听。多倾听对方的心声，你会发现，原来，倾听才是增进人际关系的润滑剂。

倾听是一项技巧，是一种修养，更是一门学问。懂得倾听，有时比会说更重要。倾听具有一种神奇的力量，它可以让人获得智慧和尊重，赢得真情和信任。

有句谚语："用十秒钟的时间讲，用十分钟的时间听。"善于倾听，是说话成功的一个要诀。据美国俄亥俄州立大学一些学者的研究，成年人在一天当中，有7%的时间用于交流思想，而在这7%的时间里，有30%用于讲，高达45%的时间用于听。这说明，听在人们的交往中居于非常重要的地位。

在我们的周围，很多人一心只想表现自己，喜欢高谈阔论、夸夸其谈，却不能耐心倾听别人的意见与想法。诚然，他们是能说会道的人，却不是最招人喜欢的人，因为他们不懂得倾听比倾诉更重要。

其实，倾听饱含着很多意义：倾听证明你在乎、尊重别人，倾听证明你不是孤独的，倾听是一种心灵的沟通，只有认真地倾听，才能更好地倾诉，倾听和倾诉是相辅相成、互相依赖的，倾听是倾诉的目标和方向，没有倾听的倾诉就是无源之水。

在人与人的交往中，倾诉是表达自己，倾听是了解别人，达到心灵共鸣。当一个人高兴的时候，我们要学会倾听，倾听快乐的理由，分享快乐的心情。当一个人悲伤的时候，我们要学会倾听，倾听痛苦的缘由，失意的原因，理解倾诉者内心的苦处，表示出怜悯同情之心，淡化悲伤，化解痛苦。当一个人处于工作矛盾、家庭矛盾和邻里矛盾时，倾听矛盾的症结，帮助分析，为其分忧解难……倾听是一种与人为善、心平气和、虚怀若谷的姿态。有了这份姿态，就会多听一些意见，少出几句怨言。

愿意倾听别人，就等于表示自己愿意接纳别人，承认和重视别人。如果你能面带微笑,用一种专注而又迫切的眼光看着他,那会让人感觉你是欣赏他的。在这种氛围里,对方会充分地展现自己。如果你是一个领导,下属向你提建议,即使开始还有点紧张,但你的倾听会使他马上感到放松和自信。所以说,学会倾听,对领导来讲,也是个重要的领导思想和领导方法。县委书记的好榜样焦裕禄,新时期领导干部的楷模郑培民,人们总是对他们念念不忘。为什么?并不是因为他们有翻江倒海的本领,也不是因为他们有经天纬地的才华,而首先在于他们心里装着人民,善于倾听群众的呼声,为人民群众排忧解难。

倾听,在人们生活中如此重要,那么,就让我们重视起来吧。只有这样,我们的生活才会更加和谐舒畅,我们的人生才会到处充满阳光。当然,学会倾听,更要学会鉴别。学会倾听,并非逆来顺受,而是要具体问题具体分析。对那些混淆是非、造谣中伤、无中生有的无聊倾诉,则要给予善意的劝解,必要的话,还要给予严厉的批评,坚决制止。

戴尔·卡耐基曾经说过:"当对方尚未言尽时,你说什么都无济于事。"这句话告诉我们,无论是想和他人进行良好的沟通,还是想有力地说服他人,首先我们要学会积极地倾听别人的话语。积极的倾听,是促进理解的金色桥梁,是人际交往的一种艺术,体现了一个人的品德。那么,怎样才能成为一名积极的倾听者呢?

要实现积极的倾听,首先就要做到耐心、专心、虚心。就日常生活中的交谈而言,并非所有的话语都包含着重要的信息,并且我们的思维速度是说话速度的4-5倍,因此,如果在谈话中不能保持足够的耐心,我们的思想就会开小差,注意力就无法集中。要改进聆听技巧的首要方法就是尽可能地消除那些来自内部或外部的干扰。我们必须把注意力完全放在说话者的身上,耐心聆听,才能明白对方说了些什么、没说什么以及对方的话所代表的态度和含义。

其次,当我们在和他人谈话的时候,即使我们还没有开口,我们内心的感觉就可能已经通过肢体语言清清楚楚地表现出来了。因此,运用一些有利的肢体语言,如自然的微笑、得体的坐姿、亲切的眼神、点头或手势等,能够起到促进交流、消除心理隔阂、鼓励交谈者自然而尽情地表达等作用。当然,除了肢体语言以外,话语在积极倾听过程中也发挥着十分重要的作用。可以提出一些诸如"你认为这是关键问题吗?""你的意思是……""你能说得明白一些吗?"之类的问题。这些提问会让对方感到你对该话题感兴趣,从而更乐意与你交谈，为你提供更多的信息，有助于你理解问题的各个方面。

俗话说："酒逢知己千杯少，话不投机半句多。"在聆听别人谈话的过程中，要认真揣摩对方要表达的感情和含义，努力理解说话人的内心世界，这样会加快你和谈话者彼此之间的沟通，帮助你迅速找到能够与谈话者产生精神共鸣的话题和内容。"有动于中，必形于外"，当你内心的感情与倾听对象达到共鸣时，表情会自然而然地随着谈话内容而发生变化，情感上会和对方产生交流，比如，当对方在讲笑话或幽默时，你会开怀大笑，更增添了讲话人的兴致；说到紧张之处，你会屏气凝神，让讲话人感受到你的专注。这种积极的情感反馈自然会获得良好的倾听效果。

魔力悄悄话

你改变不了环境，但你可以改变自己；你改变不了事实，但你可以改变态度；你改变不了过去，但你可以改变现在；你不能控制他人，但你可以掌控自己；你不能预知明天，但你可以把握今天；你不可以样样顺利，但你可以事事尽心；你不能延伸生命的长度，但你可以决定生命的宽度。

四、将心比心换位思考

换位思考是人对人的一种心理体验过程,将心比心、设身处地是达成理解不可缺少的心理机制,它客观上要求我们将自己的内心世界如情感体验、思维方式等与对方联系起来,站在对方的立场上体验和思考问题,从而与对方在情感上得到沟通,为增进理解奠定基础。它既是一种理解,也是一种关爱。

在足球王国巴西,不会踢足球的男孩子,绝对不会招人喜欢。在那里,富人的孩子有自己的足球场地,穷人的孩子也有穷人的踢足球方式。球王贝利就出生在一个贫寒的家庭里,他的父亲是一个因伤退役、穷困潦倒的足球队员。

贝利从小就显现出非凡的足球天赋,他常常踢着父亲为他特制的"足球"——用一个"大巧若拙号"袜子塞满破布和旧报纸,然后尽量捏成球形,外面再用绳子捆紧。贝利经常光着黑瘦的脊梁,在家门前那条坑坑洼洼的小街,赤着脚练球。尽管他经常摔得皮开肉绽,但他仍然不停地向着想象中的球门冲刺。

渐渐地,贝利有了点名气,许多认识或不认识的人常常跟他打招呼,还给他敬烟。像所有未成年人一样,贝利喜欢吸烟时的那种"长大了"的感觉。

终于有一天,当贝利在街上向人要烟时被父亲看见了。父亲的脸色很难看,贝利低下头,不敢看父亲的眼睛。因为,他看到父亲的眼睛里有一种忧伤,有一种绝望,还有一种恨铁不成钢的怒火。

父亲说:"我看见你抽烟了。"

贝利不敢回答父亲,一言不发。

父亲又说:"是我看错了吗?"

贝利盯着父亲的脚尖,小声说:"不,你没有。"

父亲问:"你抽烟多久了?"

贝利小声为自己辩解："我只吸过几次，几天前才……"

父亲打断了他的话，说："告诉我，味道好吗？我没抽过烟，不知道到底是什么味道。"

贝利说："我也不知道，其实并不太好。"贝利说话的时候，突然绷紧了浑身的肌肉，手不由自主地往脸上捂去，因为，他看到站在他眼前的父亲猛地抬起了手。但是，那并不是贝利预料中的耳光，而是父亲把他搂在了怀中。

父亲说："你踢球有点天分，也许会成为一名高手，但如果你抽烟、喝酒，那就到此为止了。因为，你将不能在90分钟内一直保持一个较高的水准，这事由你自己决定吧。"

父亲说着，打开他瘪瘪的钱包，里面只有几张皱巴巴的纸币。父亲说："你如果真想抽烟，还是自己买的好，总跟人家要，太丢人了，你买烟要多少钱？"

贝利感到又羞又愧，眼睛里涩涩的，可他抬起头来，看到父亲的脸上已是泪水纵横……后来，贝利再也没有抽过烟。他凭着自己的勤学苦练，终于成了一代球王。

多年以后，贝利仍不能忘怀当年父亲那温暖的怀抱，他回忆说："父亲那温暖的拥抱，比给我多少个耳光都更有力量。"

瞧，这就是将心比心的结果，这就是交流沟通的结果，它很容易就将矛盾化解了。人与人之间要互相理解、信任，并且要学会换位思考，这是人际交往的基础——互相宽容、理解，多站在别人的角度上思考问题。

有一次，鲁迅在家里宴请几位作家。席间，鲁迅的独子将一颗丸子咬了一口，又吐了，说是变了味，而客人们当时都没有觉得。鲁迅的夫人便怪孩子调皮，客人们也都在想，这孩子怕是被惯坏了。鲁迅却不然，他夹起孩子丢掉的丸子尝了尝，果然是变了味的，他感慨地说："小孩总有小孩的道理……"

鲁迅不但是位大文豪，他同时还是个优秀的父亲。"小孩总有小孩的道理"，一句话就可以看出，鲁迅在对待孩子的问题上，总是站在对方的立场思考。而这是很多人都难以做到的。

现实生活中，我们每个人都会遇到各种各样的问题，碰到各种各样的烦心事,有着各种各样的矛盾,这个时候不少人总是满腹牢骚,有许多怨言。工作中也是如此,不顺心的时候,和同事有纷争的时候,往往会有一些过激的语言或行动。其实,如果我们站到对方的立场上想一想,常常会觉得大家都不容易,许多原本想不通的、觉得不尽如人意的事情,往往会豁然开朗,于是就会多几分理解,多几分尊重。

　　一头猪、一只绵羊和一头奶牛,被牧人关在同一个畜栏里。有一天,牧人将猪从畜栏里捉了出去,只听猪大声号叫,强烈地反抗。绵羊和奶牛讨厌它的号叫,于是抱怨道:"我们经常被牧人捉去,都没像你这样大呼小叫的。"猪听了回应道:"捉你们和捉我完全是两回事,他捉你们,只是要你们的毛和乳汁,但是捉住我,却是要我的命啊!"

　　立场不同,所处环境不同的人,是很难了解对方的感受的。因此,对他人的失意、挫折和伤痛,我们应进行换位思考,以一颗宽容的心去了解、关心他人。

　　换位思考的实质,就是设身处地为他人着想,即想人所想,理解至上。人与人之间少不了谅解,谅解是理解的一个方面,也是一种宽容。我们都有被"冒犯""误解"的时候,如果对此耿耿于怀,心中就会有解不开的"疙瘩";如果我们能深入体察对方的内心世界,或许能达成谅解。一般说来,只要不涉及原则性问题,都是可以谅解的。谅解是一种爱护、一种体贴、一种宽容、一种理解。

魔力悄悄话

　　生活需要换位思考。换位思考,不是什么深奥的道理,就存在于我们的生活中。换位思考,不是仅仅对他人的要求,需要从自我做起。自己少一分随意,别人就多一分轻松;自己少一分刻薄,别人就多一分宽容。学会了换位思考,我们就会发现:生活原本可以如此多彩,精神原本可以如此充实,世界原本可以如此美丽。

五、赞美别人虏获人心

一位家庭主妇给客人端上米饭,客人称赞说:"这米饭真香!"主妇兴奋地告诉客人:"是我做的。"客人吃了一口,又问:"怎么糊了?"主妇的脸色骤变,赶紧解释道:"是孩子他奶奶烧的火。"客人又吃了一口:"还有沙子!"主妇又答:"是孩子他姑淘的米。"你看,人的劣根性显露出来了。对于赞赏,她是那么爽快地接受了下来;对于指责,她就千方百计地推托。也许你会说这位主妇特别喜好居功而又善于诿过于人,没有普遍意义。但你只要真诚地问一问自己,难道你愿意受到指责而讨厌得到赞赏吗?其实,希望得到他人的肯定、赞赏,是每一个人的正常心理需要。而面对指责时,不自觉地为自己辩护,也是正常的心理防卫机制。

赞美之于人心,如阳光之于万物。在我们的生活中,人人需要赞美,人人喜欢赞美。这绝不是虚荣心的表现,而是渴求上进,寻求理解、支持与鼓励的表现。

爱听赞美,出于人的自尊需要,是一种正常的心理需要。人们总是自觉不自觉地在他人那里寻找自身存在的价值,其内心深处都有被重视、被肯定、被尊敬的渴望。当这种渴望实现时,人的许多潜能和真善美的情感便会被奇迹般地激发出来。

在卖清粥小菜的餐厅,有两位客人同时向老板娘要求增添稀饭时,一位是皱着眉头说:"老板,你为什么这么小气,只给我这么一点稀饭?"结果那位老板也皱眉说:"我们的稀饭是要成本的。"还加收他两碗稀饭的钱。另一位客人则是笑着说:"老板,你们煮的稀饭实在太好吃了,所以我一下子就吃完了。"结果,他拿到了一大碗又香又甜的免费稀饭。

一句鼓励的话语,一阵赞赏的掌声,都会使一颗疲惫的、困顿的心灵感受到一缕阳光般的温暖。经常听到真诚的赞美,明白自身的价值获得了社会的肯定,有助于增强自尊心、自信心。

人在被赞美时,心理上会产生一种"行为塑造",我们会试图把自己塑造成具有某种优点的人。并且,这种塑造有心理强化作用,会不断鼓励自己向着某个好的方向发展,真正具备人们口中的某些优点。正是在这种自我塑造的过程中,我们产生了一种不断前行的力量。赞美他人,是我们在日常沟通中常常碰到的情况。要建立良好的人际关系,恰当地赞美别人是必不可少的。事实上,我们每个人都希望自己的工作或所取得的成果受到别人的赞美。

一位母亲带着孩子来到了心理学家的家里,孩子的母亲说:"我这个孩子几乎没有任何优点,让我伤心透了。"于是,心理学家开始从孩子身上寻找某些他能给予赞许的东西。结果他发现这孩子喜欢雕刻,并且工艺很精巧,而在家里他曾因在家具上雕刻而受到惩罚。心理学家便为他买来雕刻工具,还告诉他如何使用这些工具,同时赞美他:"你知道,你雕刻的东西比我所认识的任何一个儿童雕刻得都好。"

不久,他又发现了这个孩子做的几件值得赞美的事情,并及时赞美了这个孩子。一天,这个孩子使每一个人都大吃一惊:没有什么人要求他,他把自己的房子清扫一新。当心理学家问他为什么这样做时,他说:"我想你会喜欢。"

人人皆有可赞美之处,只不过长处和优点有大有小、有多有少、有隐有显罢了。只要你细心,就随时能发现别人身上可赞美的"闪光点"。即使缺点较多或长期处于消极状态的人,只要稍有改正缺点、要求上进的可喜苗头,就应及时给予肯定、赞扬。

不要以为赞美别人是一种付出。从"生命能量"的观点来说,这其实是一种能量的转换,对别人赞美的时候,你已经获得了更多的力量。你从嘴里吐出字字赞美的话,犹如粒粒珍珠,挂在胸前,它会令你的影响力与日俱增。

当然了,赞美是一件好事,但绝不是一件易事。赞美别人时如不审时度势,不掌握一定的赞美技巧,即使你是真诚的,也会变好事为坏事。赞美别人,不是廉价的吹捧,不是无原则的你好我好大家好,不是投其所好的精神按摩,更不是包藏祸心的精神贿赂。赞美别人,是发自内心的欣赏与感动,是友善、是鼓励、是宽容,蕴涵着尊重、理解和支持。

然而,在现实生活中,有的人吝惜赞美,很难赏赐别人一句赞美的话,他们不懂得,多正面引导、多表扬鼓励,是思想教育工作的一条规律。予人以真诚的赞美,体现了对人的尊重、期望与信任,并有助于增进彼此间的了解和友谊,是协调人际关系的良方。

既然赞美对于生活有这么重要的作用,那么我们为什么要吝啬对别人的赞美呢?

魔力悄悄话

你如果乐于赞赏他人,善于夸奖他人的长处,那么你的交往快乐指数就会大幅度地提高。赞美是人际交往成功的一种重要能力,在适当的时候给予他人赞美,不仅可以使对方获得信心和动力,还会让人们因此而喜欢你,而你自己也将受益匪浅。

第十一章
朋友的影响力

　　战国时期著名思想家韩非子说过："下君尽己之能，中君尽人之力，上君尽人之智。"意思是，只靠自己的力量去拼搏的人是下等智商的人；借用别人的力量去拼搏的人是一般智商的人；利用别人的智慧去做事的人是高明的人。

　　一个人的本事即使再大，如果离开了众人的力量和智慧，也不足为惧。这也是刘邦不怕项羽的原因，也是刘邦比项羽突出的地方。所以，只有那些善于借助外部力量的人才能做大做强，甚至力挽狂澜。

一、合作使你更精彩

一个人的力量再大,毕竟是有限的,一个人做事总有自己疏忽的时候,而和人合作就不一样了,一件事情,你想得不够全面,如果把所有人的想法加起来,可使事情做得更完美一些。所以,前人有了"三个臭皮匠,抵个诸葛亮"的说法。

1836 年的某一时期,匈牙利著名的钢琴家李斯特和奥地利著名的钢琴家塔尔裴尔希同时来到法国巴黎演出,由于两位都是很著名的钢琴家,他们都有自己的崇拜对象,双方都认为自己崇拜的钢琴家是最优秀的,因此双方为此争得非常激烈,而且在报纸上互相攻击和指责。更重要的是,一些钢琴界的专业人士加入了双方的争论后,使争论更为激烈,甚至到了剑拔弩张的程度。

其实,李斯特和塔尔裴尔希两人从没有见过面,但对社会上的争论有很多了解,为了平息这场无谓的争执,他们竟不谋而合地走到了一起,决定举行一场联合钢琴音乐会。

在他们举行的音乐会上,他们两个都各自展示出了自己的精彩弹奏,而且配合得当,使双方支持的观众欢呼不已,最终双方握手言和,而且他们两个向双方支持的观众亲切地挥手致意,把一束束鲜花抛向满怀热情的观众,两个钢琴家精彩的演技,使双方的观众心满意足。

有了这次合作演出,他们竟成了真诚的朋友,彼此学习对方的优点,一起攀登艺术的顶峰。

两个人在音乐上的影响是巨大而不可代替的,他们不仅艺术高超,而且都有高尚无私的品德,到今还被人们津津乐道。两个音乐巨人合作的影响力加在一起肯定会大于一个人的影响力。

其实,我们现在的生活越发达,人与人之间就会变得越来越紧密。一项事业的做成,总得有一些人合作才能做成,否则你就成了孤家寡人。

"人多力量大",这是我们都承认的道理。在生活中,我们常常听到人说:认了吧,对方人多势众,好汉不吃眼前亏。这个"人多势众"就是说人家和别人合作了,最起码在气势上就胜你一筹,而你则觉得心里发虚,悄然退却了。笔者小时候,看过很多有关独行侠的电影或电视剧,一个武功高强的独行侠,有一副侠肝义胆,总能以一当十,为民做了不少好事。但最后的结局总逃脱不掉对方一帮乌合之众的算计,侠客临终总有一股悲壮的英雄气节。同样一些武功高强的人,身边弟兄朋友众多,最后的结局总能战胜邪恶、弱小的对方,会得到一个圆满的结局。

很多人认为,一个人的力量即使再强也不如集体的力量,正如马克思所说,是人类创造了历史,而不是由个别英雄人物创造了历史。这就说明一个人的力量太有限了,它好像大海中的一艘船舶,需要狂风巨浪的推动,也好像一朵奇丽秀美的鲜花需要绿叶的衬托一样。

英国作家萧伯纳说:"如果你有一个苹果,我有一个苹果,彼此交换,我们仍只有一个苹果;如果你有一种思想,我有一种思想,彼此交换,我们每个人就有了两种思想。"如果我们能和一些有智慧的人合作,我们会吸收借鉴一些他们高明的观点,他们也会借鉴我们的一些独到的建议,之后,在做事的时候,就会考虑得天衣无缝。

这好比人的手,五根手指总是给人健全的感觉,失去一根手指的话,就会给我们带来不便,这五根手指只有协作一致,我们才能更好地发挥整只手的功用。以电脑为工作的人,如果少一根手指的话,就会给输入带来麻烦。

我们自己的力量毕竟是有限的,一个人的思考还不足够全面。只有集众人之智,才能更好地把事情解决。俗话说,智者千虑,必有一失。大家都知道,什么叫朝廷,朝廷就是群臣商议大事的地方,大臣基本也都是有智慧和能力很强的人,对一件事情,各个大臣可以各抒己见,当几个大臣把一件事情从各方面应该做还是不应该做的道理说清楚之后,这样商议出来的事情,相对比皇帝一个人直接裁决正确一些。当众大臣把商议出来的结果请皇帝定夺,再由皇帝最终裁决,这样,可以杜绝皇帝单独一人决策的失误。这也是众大臣合作的力量和智慧的体现。

我们有了良好的合作,将自己彻底地融入集体,这样,才能在集体中大展其才。如果我们学会了与人打交道,我们的生活和工作做起来就会更顺利,更有效率。我们也会感到生存的意义,从而会使心情舒畅,拥有自己快乐的生活。

特别是当代机器化大生产,需要人们共同合作来完成工作,才能快速地生产产品,快速地发展经济。在经济较为发达和知识经济时代的到来,人类之间的合作变得越来越紧密,它不只是一种工业生产的需要,还是企业一种凝聚力的体现,它推动着社会高速向前发展着。

世界首富比尔·盖茨虽然拥有数以亿计的家产,但他的成功和辉煌离不开众人的合作,据说一个操作系统的开发,有数千名工程师为他服务,当系统开发出来后,又有数千家公司为他们的新系统做着各种各样的服务工作。庞大的研发机构和遍布世界各地的宣传网络都在为微软服务。

合作是一种必要,更是一种精神,它是推动社会发展源源不断的动力。稍微有点天文知识的人都知道开普勒,他是行星运动三大定律的发现者,他揭开了天体运行的奥秘,但还有一位与他合作的天文学家,叫第谷,如果没有第谷准确的精密观察,积累了大量准确可靠的数据的话,开普勒就难有成就,他的伟大可以说是直接站在巨人肩膀上发现的。如果没有前人总结出来的经验,就没有牛顿后来的重大发现,可以说牛顿是间接与前人的合作者。

魔力悄悄话

合作是开往成功路上的列车,有了合作,会使我们前进的脚步加快许多,会使我们彼此影响而壮大。如果我们学会了与人合作,我们的生活和工作做起来就会更顺利,更有效率。我们也会感到生存的意义,从而会使心情舒畅,拥有自己快乐的生活。

二、朋友是人生最大的财富

"一枝独秀不是春。"一个人的力量毕竟有限,朋友多了,则可以使我们左右逢源,在人生的战场上无往不胜。也就是说,好的朋友可以在你危难的时候帮你一把。要多交一些有益的朋友,结交一些见过世面、经历过风雨的朋友,你会受益匪浅。

独木不成林,一个人活在世上,绝对不能孤立地存在。人应该有自己的朋友圈子。因为多一个朋友多一条路。朋友就是财富,正如一首歌里所唱的那样:"千金难买是朋友,朋友多了路好走。"这是人们所公认的真理。

在我们这个发达的经济社会,有一些很出众的人物,他们都有着自己非常大的影响。如果和他们建立了良好的朋友关系,则对自己的发展有很大帮助,甚至会改变一生的命运。

大家都知道阿尔伯特·爱因斯坦,他是响彻寰宇的科学巨人,一提到他,人们便对他肃然起敬。他的人生像大多数人那样,在人生的早期也遇到失业的困扰,一度郁郁寡欢,曾说自己像驴子一样左右为难。这让舐犊情深的父亲不得不厚着脸皮向一些名人推荐爱因斯坦,希望他们能给爱因斯坦一个工作机会,但都是无果而终。最后,爱因斯坦在朋友格罗斯曼的帮助下,在伯尔尼的瑞士联邦专利局找到了一个书记员的职位。

一个人即使穷困潦倒,如果他有几个知心朋友的话,就不会感到孤单和恐惧。这些朋友可以在你困顿的时候给你雪中送炭。

朋友,还可以作为我们的一面镜子,当发觉朋友身上好的品质,我们可以吸收过来,从而使自己的修养更高。当看到朋友的缺点,我们可以予以纠正,使朋友能及时走到正确的道路上来。朋友还可以作为我们的眼睛,当我们不了解某些事情的时候,朋友能够及时给我们信息,这对朋友之间都是有益的事情。

朋友是人生最大的财富,但彼此之间也要相互珍惜,对待朋友的友谊要像爱护自己的身体一样,朋友的利益与自己息息相关,坑害朋友无异于是在糟蹋自己的信用,使自己和自杀没有什么区别。

所以,交朋友也要注意,并不是所有的朋友都高尚无私,有背后拆台使绊子的朋友,也有一些口蜜腹剑的小人,但这时你要擦亮自己的眼睛去发现。朋友之间,重要的是在感情上相互理解,生活中要互帮互助。特别是刚开始交往的时候,有的人为了表示对朋友的忠心,把自己的一切和盘而出给对方,与其说是一种坦诚的行为,不如说是不理智的行为。如果你结交的朋友是一个品德高尚和值得信赖的人,则是你的幸运,万一对方是一个居心叵测而你不易识破的人,一旦做出倒戈的事情,这时就轮到你大伤脑筋了。只要我们保持一颗时时警惕的心,其实那些负面的朋友还是很容易鉴别的。

朋友是人生最大的财富,但朋友之间必须要彼此出于真心,在现实的社会中,有的人表现出来的私心往往把朋友之情给彻底地出卖了。我们可能做不到桃园三结义的那般厚重,其实,真正的朋友之间,不需要太多的语言,也不需要喝血酒和一头磕在地上的那般隆重,但朋友一定要心心相印,一定要彼此放在心里。当朋友遇到寒冷的时候,一定要及时送来一份温暖与关怀!

魔力悄悄话

真正的朋友从不把友谊挂在口上,他们并不为了友谊而互相要求一点什么,而是彼此为对方做一切办得到的事。

三、先控制自己才能控制别人

在拿破仑·希尔事业生涯的初期,他发现,缺乏自制,对生活造成了极为可怕的破坏。这是从一个十分普通的事件中发现的。这项发现使拿破仑·希尔获得了一生当中最重要的一次教训。

有一天,拿破仑·希尔和办公室大楼的管理员发生了一场误会。这场误会导致了他们两人之间彼此憎恨,甚至演变成激烈的敌对状态。这位管理员为了显示他对拿破仑·希尔的不悦,当他知道整栋大楼里只有拿破仑·希尔一个人在办公室中工作时,他立刻把大楼的电灯全部关掉。这种情形一连发生了几次,最后,拿破仑·希尔决定进行"反击"。某个星期天,机会来了,拿破仑·希尔到书房里准备一篇预备在第二天晚上发表的演讲稿,当他刚刚在书桌前坐好时,电灯熄灭了。

拿破仑·希尔立刻跳起来,奔向大楼地下室,他知道可以在那儿找到这位管理员。当拿破仑·希尔到那儿时,发现管理员正忙着把煤炭一铲一铲地送进锅炉内,同时一面吹着口哨,仿佛什么事情都未发生似的。

拿破仑·希尔立刻对他破口大骂。一连5分钟之久,他都以比管理员正在照顾的那个锅炉内的火更热辣的词句对他痛骂。

最后,拿破仑·希尔实在想不出什么骂人的词句了,只好放慢了速度。

这时候,管理员站直身体,转过头来,脸上露出开朗的微笑。并以一种充满镇静与自制的柔和声调说道:"呀,你今天早上有点儿激动吧,不是吗?"

他的这段话就像一把锐利的短剑,一下子刺进拿破仑·希尔的身体。

想想看,拿破仑·希尔那时候会是什么感觉。站在拿破仑·希尔面前的是一位文盲,他既不会写也不会读,虽然有这些缺点,但他却在这场战斗中打败了自己,更何况这场战斗的场合,以及武器,都是自己所挑选的,拿破仑的良心用谴责的手指对准了自己。拿破仑·希尔知道,他不仅被打败了,而且更糟糕的是,他是主动的,而且是错误的一方,这一切只会更增加他的羞辱。

拿破仑·希尔转过身子，以最快的速度回到办公室。他再也没有其他事情可做了。当拿破仑·希尔把这件事反省了一遍之后，他立即看出了自己的错误。但是，坦率说来，他很不愿意采取行动来化解自己的错误。

拿破仑·希尔知道，必须向那个人道歉，内心才能平静。最后，他费了很久的时间才下定决心，决定到地下室去，忍受必须忍受的这个羞辱。

拿破仑·希尔来到地下室后，把那位管理员叫到门边。管理员以平静、温和的声调问道："你这一次想要干什么？"

拿破仑·希尔告诉他："我是回来为我的行为道歉的——如果你愿意接受的话。"管理员脸上又露出那种微笑，他说：

"凭着上帝的爱心，你用不着向我道歉。除了这四堵墙壁，以及你和我之外，并没有人听见你刚才所说的话。我不会把它说出去的，我知道你也不会说出去的，因此，我们不如就把此事忘了吧。"

这段话对拿破仑·希尔所造成的伤害更甚于他第一次所说的话，因为他不仅表示愿意原谅拿破仑·希尔，实际上更表示愿意协助拿破仑·希尔隐瞒此事，不使它宣扬出去，对拿破仑·希尔造成伤害。

拿破仑·希尔向他走过去，抓住他的手，使劲握了握。拿破仑·希尔不仅是用手和他握手，更是用心和他握手。在走回办公室途中，拿破仑·希尔感到心情十分愉快，因为他终于鼓起勇气，化解了自己做错的事。

在这件事发生之后，拿破仑·希尔下定了决心，以后绝不再失去自制。

因为一失去自制之后，另一个人——不管是一名目不识丁的管理员还是有教养的绅士——都能轻易地将他打败。

魔力悄悄话

拿破仑·希尔说："这件事教导我，一个人除非先控制了自己，否则他将无法控制别人。它也使我明白了这两句话的真正意义：'上帝要毁灭一个人，必先使他疯狂'。"

四、有自制力才能抓住成功的机会

你可以立刻去询问你所遇见的任何 10 个人,问他们为什么不能在他们所从事的行业中获得更大的成就,这 10 个人当中,至少有 9 个人将会告诉你,他们并未获得好机会。你可以对他们的行为作一整天的观察,以便对这 9 个人做更进一步的正确分析。我敢保证,你将会发现,他们在这一天的每个小时当中,正不知不觉地把自动来到他们面前的良好机会推掉。

有一天,拿破仑·希尔站在一家商店出售手套的柜台前,和受雇于这家商店的一名年轻人聊天。他告诉拿破仑·希尔,他在这家商店服务已经 4 年了,但由于这家商店的"短视",他的服务并未受到店方的赏识,因此,他目前正在寻找其他工作,准备跳槽。

在他们谈话中间,有位顾客走到他面前,要求看一些帽子。这位年轻店员对这名顾客请求置之不理,一直继续和希尔谈话,虽然这名顾客已经显出不耐烦的神情,但他还是不理。最后,他把话说完了,这才转身向那名顾客说:"这儿不是帽子专柜。"那名顾客又问,帽子专柜在什么地方。这位年轻人回答说:"你去问那边的管理员好了,他会告诉你怎么找到帽子专柜。"

4 年多来,这位年轻人一直处于一个很好的机会中;但他却不知道。他本来可以和他所服务过的每个人结成好朋友,而这些人可以使他成为这家店里最有价值的人。因为这些人都会成为他的老顾客,而不断回来同他交易。

但是,他拒绝或忽视运用自制力,对顾客的询问不搭不理,或是冷淡地随便回答一声,就把好机会一个又一个地损失掉了。

某一个下雨天的下午,有位老妇人走进匹兹堡的一家百货公司,漫无目的地在公司内闲逛,很显然是一副不打算买东西的态度。大多数的售货员只对她瞧上一眼。然后就自顾自地忙着整理货架上的商品,以避免这位老太太去麻烦他们。其中一位年轻的男店员看到了她,立刻主动地向她打招呼,很有礼貌地问她,是否有需要他服务的地方。这位老太太对他说,她只是进来躲雨罢了,并不打算买任何东西。这位年轻人安慰她说,即使如此,她仍然很受欢迎,并且主动和她聊天,以显示他确实欢迎她。当她离去时,这名年轻人还陪她到街上,替她把伞撑开。这位老太太向这名年轻人要了一张名片,然后径自走开了。

后来,这位年轻人完全忘了这件事情。但是,有一天,他突然被公司老板召到办公室去,老板向他出示一封信,是位老太太写来的。这位老太太要求这家百货公司派一名销售员前往苏格兰,代表该公司接下装潢一所豪华住宅的工作。

这位老太太就是美国钢铁大王卡内基的母亲,也就是这位年轻店员在几个月前很有礼貌地护送到街上的那位老太太。

在这封信中,卡内基母亲特别指定这名年轻人代表公司去接受这项工作。这项工作的交易金额数目巨大。这名年轻人如果不是曾好心地接待了这位不想买东西的老太太,那么,他将永远不会获得这个极佳的晋升机会的。

魔力悄悄话

伟大生活的基本原则都包含在我们大多数人永远不会去注意的最普通的日常生活经验中,同样地,真正的机会也经常藏匿在看来并不重要的生活琐事中。

五、做精神上的领袖

现在提倡做领导，不做权力上的领导，而是做精神上的领导。即以自己的意识形态去主导和控制别人。这样，你才能更好地完成你的领导角色或人生的成就。

发挥你的影响，让别人愉快地接受你的管理和指示。如果能做到这一点，你就要有过硬的本领，以及高尚的情操和修养。如果你是一个自私自利的人，动不动对别人颐指气使，这种做派会激起人们的反感，就不适合做精神领袖。

这就好比强迫的婚姻，你可以控制一个人的身体，但你控制不了他（她）的心灵，你也就得不到他（她）的真爱。只有做他（她）精神上的爱人，才能获得真正的爱情和真正的幸福。

一个人要想成为精神领袖，就必须具有自己对群体的一种无私的责任感，而不只是为了自己的利益，必须要让你的"臣民"都有一种人生的归属感，而不只是满足自己的权力感和虚荣心。这就需要为你所领导的集体有奉献精神。这样，你才是一个成功的精神领袖。

一个人想要完成自己的人生伟业，身边一定要有为自己死心塌地干事业的一帮朋友，让他们感到在为你做事的同时，也是在为自己工作，让他们感到你们是共生共荣的群体。

可能依你现在的自身条件，还不能达到做一个精神领袖的标准，但你可以通过修炼来达到这个目的。刻苦地训练自己的本领，提高自己的修养，树立一种集体的强烈责任感，以达到别人所不能达到的高度。

一旦有了这个高度，还要确立自己的精神领袖地位，一个人要想树立自己的精神领袖地位，一定要以民众的利益为先导，尽到自己一个作为精神领袖的责任。大家都知道，邓小平功成身退之后，虽然身上没有职务了，但他在人们心目中的影响力还在，他还能以一个精神领袖的魅力为人民做一些实际工作。一个真正的领袖并不是牢牢地抓住权柄不放，比如，民国时期的孙中山先生,虽然屡次在和军阀的较量中败下阵来,但他作为为人民谋福祉的精神领袖,总能得到人民的拥护,一次次被推上权力的高位。

一些聪明的管理者也深谙此道,他们不是在台上指挥一切,他们认为一个人的能力毕竟是有限的,形势不是由一个人智慧就能控制了的,即使有了一些惊人的进展,也肯定会有进行不下去的那一天。而如果能把全体成员的智慧集中起来,让他们一心一意地为着这个利益攸关的群体而努力奉献着。自己则可以只起到引导的作用,以一个精神领袖的魅力,影响和带动集体之舟。

如何才能做一个精神领袖呢?下面几点值得借鉴。

1. 把民众放在第一位

只要你把民众放在自己心中的首要位置,你才能心甘情愿地为民众采取一些实实在在的行动,才能关心和珍惜他们,才能关心他们的利益,支持他们,给他们以力量的鼓励,让他们去做好每一件事情。一旦你这样做了,民众受到你的鼓舞感召之后,他们将把心中的无限潜力和对工作的激情,完全释放出来。因此,他们做出来的事情都将是完美和令人惊叹的。

2. 掌握你的民众的需要和工作动机

一个精神领袖了解了这点以后,才能为自己的民众营造一个良好的发展环境,也只有在这种环境下,在达成自己目标的同时,也帮民众完成了他们的个人需求。

3. 发挥个体各自的特长

一个民众心目中的领袖要了解每一个民众,每个人究竟适合做什么事情,自己一定要心中有数,并包容和欣赏新生成员个体的差异性。

什么样的人做什么样的事情,并让他们充分发挥各自的长处,达到最佳的资源搭配。

4. 加强集体的凝聚力

在注重个体发挥自身优势的同时,也一定将焦点集中在他们同心协作和甘苦与共的感觉上。即加强集体的凝聚力。如果一个组织能够精诚团结的话,往往能取得令人不可思议的成就。

5. 要相信群体的每一个成员

要想使自己的组织完成最出色的工作,必须相信他们,相信他们能做出世上最优秀的产品或做好其他的事情。并且也要让他们意识到自己是最有价值的创造者。

6.赏赐他们

有了成绩和功劳，大家一起分享。有了错误，自己能承担责任的就自己承担。

魔力悄悄话

如果你要管理和控制别人的时候，一定要让别人心甘情愿地追随你，而不是运用权力和武力，否则，你可以使他口服，但你不能使他心服；你可以控制他的手和脚，但你控制不了他的心。